高等学校教材

逆向建模与三维测量

徐静 编

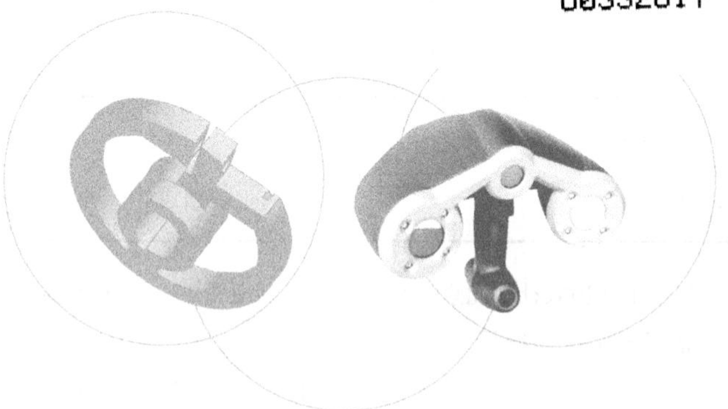

化学工业出版社
·北京·

本书按照逆向工程实际过程的顺序讲解了从三维测量到逆向建模的技术，首先介绍三维测量的点接触式测量、光学非接触式测量操作方法，然后基于这两种不同测量方法所获取的数据，利用 Imageware 软件对数据进行后处理，构造出所测工件的 CAD 图形。在现代机械产品设计中，逆向工程的应用不只是简单还原原型，还要在原型基础上进行二次创新。本书针对逆向工程的关键技术，在实际操作步骤中讲解技术要点、前后步骤的关联等，包含了丰富的实践经验。本书所选实例具有代表性，步骤叙述简洁，读者可以举一反三，触类旁通。

本书可供高等学校机械类专业教学使用，也可供机械设计、制造部门参考。读者可以通过微信公众号“基于 Imageware 的逆向工程”或在 www.cipedu.com.cn 搜索“逆向建模与三维测量”获得本书学习资料。

图书在版编目（CIP）数据

逆向建模与三维测量 / 徐静编. —北京：化学工业出版社，2019.12（2022.5重印）
ISBN 978-7-122-35454-9

Ⅰ. ①逆…　Ⅱ. ①徐…　Ⅲ. ①产品设计-计算机辅助设计-应用软件　Ⅳ. ①TB472-39

中国版本图书馆 CIP 数据核字（2019）第 244360 号

责任编辑：李玉晖
责任校对：刘　颖　　装帧设计：韩　飞

出版发行：化学工业出版社（北京市东城区青年湖南街 13 号　邮政编码 100011）
印　　装：北京天宇星印刷厂
710mm×1000mm　1/16　印张 $6\frac{3}{4}$　字数 106 千字　2022 年 5 月北京第 1 版第 2 次印刷

购书咨询：010-64518888　　售后服务：010-64518899
网　　址：http://www.cip.com.cn
凡购买本书，如有缺损质量问题，本社销售中心负责调换。

定　　价：49.00 元

前言

PREFACE

逆向建模是在三维测量基础上，通过逆向工程软件再现物体的三维设计，又称逆向工程。其过程是利用三坐标测量设备对物体原型进行数据测量，获取逆向建模所需的点云数据或尺寸数据，再利用图形处理软件对测量数据进行构造，形成所需的线条、曲面等几何元素，最后对几何元素进行优化，重新创建出所需的物体模型。

三维测量技术作为现代逆向工程技术的基础之一，是集光学、电子、传感器、图像及计算机技术为一体的综合性技术。只有应用先进的测量技术、测量手段，才能设计、制造出综合性和单项性能均优良的产品。

逆向工程处理软件 Imageware 于 1995 年由美国 EDS 公司出品，最初用于 UG NX 中的逆向工程造型，之后在机械制造行业得到广泛应用。各大汽车、摩托车、模具制造企业等均使用这个软件。它具有强大的点云数据处理、曲面造型、误差检测功能，给使用者处理点云数据带来极大方便。

本书按照工程实际过程的顺序讲解了从三维测量到逆向建模的技术要点，首先介绍三维测量的点接触式测量、光学非接触式测量操作方法，然后基于这两种不同测量方法所获取的数据，利用 Imageware13.2 版本软件对数据进行后处理，构造出所测工件的 CAD 图形。

本书第 1 章介绍逆向工程概念、三维测量方法和手段以及逆向建模常用软件，重点对 Imageware 软件的几个模块进行介绍。第 2

章对三坐标测量机进行简单介绍，以德国 WENZEL 三坐标测量机为例讲解了使用方法；还介绍了已知 CAD 模型的数据测量、数据对比输出。第 3 章基于 Imageware13.2，介绍三坐标接触式测量数据逆向建模流程，详细地举例介绍建模主要界面与操作步骤。第 4 章对 Handyscan 手持式扫描仪进行介绍，并阐述它获取数据的操作步骤。第 5 章基于 Imageware13.2，介绍光学扫描获取鞋楦数据的逆向建模流程，详细地介绍鞋楦建模的主要界面、操作步骤。本章的实例在刘佩军编译的《UG/Imageware 逆向工程培训教程》(基于 Imageware12.0 英文版软件）第 15 章基础上进行提升，这个实例全面地阐述了 Imageware 软件的功能，非常具有代表性。本书使用 Imageware13.2 中文版软件重新演示该逆向建模的操作步骤，希望能给读者学习带来便利。读者可以通过微信公众号“基于 Imageware 的逆向工程”或在 www.cipedu.com.cn 搜索“逆向建模与三维测量”获得本书学习资料。

本书编写工作得到了华南理工大学“十三五”本科教材《逆向建模与三维测量》建设项目的资助，特此感谢！

在本书编写过程中，刘桂雄、赖建康、梁柱、李秋平等专家学者给予了大力协助，在此深表感谢。鉴于编者水平有限，书中难免有不足之处，希望各位专家、同行批评指正。

编者

2019 年 9 月

目 录

CONTENTS

第 1 章 逆向工程概述 1

1.1 逆向工程技术基本概念……1
1.2 三维数据获取硬件条件……2
1.3 常用逆向工程软件……3
1.4 逆向工程设计前准备工作……7

第 2 章 三坐标测量机及其应用 8

2.1 三坐标测量机概述……8
2.2 三坐标测量机的分类……9
2.3 三坐标测量机的标尺系统和探测系统……12
2.4 三坐标测量机的发展趋势……14
2.5 德国 WENZEL LH65 型三坐标测量机介绍……15
2.6 凸轮测绘实验……17
2.7 基于已知 CAD 模型的零件测量……19

第 3 章 基于 Imageware 三坐标测量数据的逆向建模 28

3.1 凸轮的逆向建模……28
3.2 板件的逆向建模……35
3.3 多曲面规则零件逆向建模……41

第 4 章 Handyscan 扫描仪应用 56

4.1 Handyscan 扫描仪概述……56

4.2 应用 Handyscan 扫描仪操作流程 ……57
4.3 不规则曲面零件测绘实验 ……62

第 5 章 基于 Imageware 激光扫描数据的鞋楦逆向建模实例 64

5.1 减少数据点和多边形网络化……64
5.2 对齐数据……66
5.3 将点云数据与全局坐标系对齐 ……69
5.4 可视化点云和提取特征……72
5.5 有用的多边形操作……74
5.6 创建顶部曲面的线框 ……77
5.7 为零件的两侧创建线框……82
5.8 创建过渡区域曲线以定义曲面端部 ……84
5.9 使用侧面的框架创建曲面 ……88
5.10 创建并修改曲面补片 ……92
5.11 调整和分析顶部曲面 ……95
5.12 创建过渡区域曲面和底部零件边界……96
5.13 完成的模型……98

参考文献 101

第1章

逆向工程概述

1.1 逆向工程技术基本概念

随着计算机技术的发展，CAD 技术已成为产品设计人员进行研究开发的重要工具，其中三维造型技术已被制造业广泛应用于产品及模具设计、方案评审、数控加工制造及管理维护等各个方面。在实际开发制造过程中，设计人员接收的技术资料可能是各种数据类型的三维模型，但很多时候，却是从上游厂家得到产品的实物模型。设计人员需要通过一定的途径，将这些实物信息转化为 CAD 模型，这就需要应用逆向工程（reverse engineering）技术。

逆向工程技术的工程概念是：通过对已有产品模型进行三维数字化扫描，来获取产品模型的表面轮廓的点云数据，将点云数据通过专业逆向工程软件进行处理，最终形成三维数学模型，用于产品的重新设计、数控加工以及结构分析。它不同于通常的由二维草图设计到三维立体模型设计再到加工或快速成形的正向设计思路，而是一种基于实体而没有数学模型的设计方法。

逆向工程技术与传统的正向设计存在很大差别。传统的正向产品造型设计，一般是对市场进行调研并确定了大量需求信息后，由设计人员分析、构思产品模型，草绘出产品零件平面图，进行必要的设计计算与校核，形成产品稍完整的设计方案后，即着手完成三维简约几何造型，再根据需要绘制效果图、三视图或试做简易的实物模型。而逆向工程则是从产品原型出发，获取产品的三维数字模型，再进一步利用 CAD/CAE/CAM 以及 CIMS 等先进技术对其进行处理。

逆向工程的意义在于它不是简单地把原有物体还原，还要在还原的基础上进行二次创新，所以逆向工程作为一种创新技术现已广泛应用于工业领域并取得了重大的经济和社会效益。

一般来说，产品逆向工程包括形状反求、工艺反求和材料反求等几个方面，在工业领域主要有以下实际应用：

① 新零件的设计，主要用于产品的改型或仿型设计。

② 已有零件的复制，再现原产品的设计意图，进行数据管理和存档。

③ 从已有产品零件直接快速生成 STL 模型，用于快速成形（RP）或模具设计。

④ 损坏或磨损零件的还原和修复。

⑤ 数字化模型的检测，例如检验产品的变形分析、有限元分析等，以及进行模型的比较。

逆向工程技术为快速设计和制造提供了很好的技术支持，它已经成为制造业信息传递重要而简捷的途径之一。

1.2 三维数据获取硬件条件

几何量测量主要包括角度、距离、位移和空间位置等量的测量，其中最为通用和普及的就是确定位置的三维坐标测量。在逆向工程技术设计时，首先需要从设计对象中提取三维数据信息。三维扫描设备的发展为产品三维信息的获取提供了硬件条件。三维扫描设备的测头按结构不同可分为接触式、非接触式两种。接触式测头又可分为硬测头、软测头两种，这种测头与被测物体直接接触，从而获取数据信息。非接触式测头则是应用光学及激光扫描原理进行的。

不同的测量对象和测量目的，决定了测量过程和测量方法的不同。在实际三坐标测量时，应该根据测量对象的特点以及设计工作的要求确定合适的扫描方法，并选择相应的扫描设备。例如，材质为硬质且形状较为简单、容易定位的物体，应尽量使用接触式扫描仪。这种扫描仪成本较低，设备损耗费相对较少，且可以输出扫描形式，便于扫描数据的进一步处理。但在对橡胶、油泥、人体头像或超薄形物体进行扫描时，则需要采用非接触式测量方法，它的特点是速度快，工作距离远，无材质要求，操作简易方便。

三维扫描设备分为第一代、第二代和第三代。

第一代：点测量。

点测量代表系统有三坐标测量仪、点激光测量仪、关节臂扫描仪（精度不高）。通过每一次的测量点反映物体表面特征，优点是精度高，但速度慢，如果要做逆向工程，只能在测量较规则物体上有优势。

应用场合：适合做物体表面误差检测用。

第二代：线测量。

线测量代表系统有三维台式激光扫描仪、三维手持式激光扫描仪、关节臂+激光扫描头。通过一段（一般为几厘米，激光线过长会发散）有效的激光线照射物体表面，再通过传感器得到物体表面数据信息。

应用场合：适合扫描中小件物体，扫描景深小（一般只有 5cm），精度较低，属于过渡性产品。

第三代：面扫描。

面扫描代表系统有三维扫描仪（结构光、光栅式扫描仪）、三维摄影测量系统等。通过一组（一面光）光栅的位移，再同时经过传感器而采集到物体表面的数据信息。

应用场合：适合大中小物体的扫描，精度较高，扫描速度极快（精易迅三维扫描仪单面面积 400mm×300mm，时间≤5s），测量景深很大（一般为 300～500mm，甚至更大）。

1.3　常用逆向工程软件

目前比较常用的四大逆向工程软件为 Imageware、Geomagic、CopyCAD 以及 RapidForm。

（1）Imageware

由美国 EDS 公司出品，是最著名的逆向工程软件，被广泛应用于汽车、航空、航天、消费家电、模具、计算机零部件等设计与制造领域。Imageware 作为 UG NX 中提供的逆向工程造型软件，具有强大的测量数据处理、曲面造型、误差检测功能，可以处理几万至几百万的点云数据。根据这些点云数据构造的 A 级曲面具有良好的品质和曲面连续性。Imageware 的模型检测功能可以方便、直观地显示所构造的曲面模型与实际测量数据之间的误差以及平面度、圆度等几何公差。Imageware 逆向工程软件的主要功能包括：

1）Imageware 检测

该模块针对的是复杂数字形状的测量和检测，它为被测量的物理组件与名义数据之间的比较提供了多功能的、易用的数据分析。用户可以输入从零件实体获得的参考数据或者离散的坐标测量值，直接比较测量点与曲面、点与点或者点与数据。数据可以自动地定位和对齐，以达到所需的最大可能精度。而一旦对齐，软件又提供了一系列功能对零件与扫描数据进行定性和定量的对比分析。此外，系统还为点云提供了很多功能，同时为文档和报表工作提供了一定范围的标注工具。比较结果以图形和文字形式通过颜色代码偏差图（云图）进行汇报。这些颜色图提供了一个强大的可视化的提示，能够精确地找到误差的主要根源和整个零件的偏差趋势。在工模具交付之前就可以将设计和加工所关心的问题可视化，会大大缩短制造时间。另外，定量分析和查询功能对于所选择的测量点或者局部区域提供了详细的数字报表，可就关键的制造信息进行全球范围的沟通。

2）Imageware 评估

该模块包括了一系列的工具，可对整个产品质量从视觉和数学方面进行评估。高效的连续性管理工具保持了几何体之间的位置、相切和曲率关系，同时偏差检查工具还可评估它们之间的精确误差，在保持自然的、赋予创造性的流程的同时消除了乏味的手工工作。实时诊断工具提供了对用于加工的几何质量的即时分析，它着重于模型美学方面的质量。环境和纹理贴图被广泛地应用，以预见和反映真实测试场景，从本质上减少或消除对昂贵的物理模型或样机的需求。这些工具作为一种手段以可视化的方式识别曲面流属性和高光效果，常用于检查曲面瑕疵、偏差和缺陷。另外，检验还包括检查可加工性、分模线和曲面缝隙，对于在数据传送到后续流程之前即能识别曲面瑕疵是非常有用的。从本地系统创建的模型可以被传送到相应的位置，以对整个模型质量进行全面的评估和诊断。这个高效的扩展功能有利于在开发周期中提高产品的性能，缩短上市时间。

3）Imageware 多边形造型

该模块主要针对产品概念设计，为格形和三角面数据的操作提供了一套工具，它能够使用立体印刷数据、有限元分析或数据进行工作。为了最初的可行性研究，用户可以向后续应用提供直接的输入。多边形造型模块是理想的快速封装分析工具，它能够显著地缩短现有过程中进行曲面逆向设计所需的较长的研制周期。增强的多边形造型功能包括根据点云创建多边形、为封装进行多边形偏置和从多边形数据中截取截面，这些都可用于工程可行性分析和曲面边界定义。为了进行快速样机的准备和测试，用户不仅可通过孔的填补来产生水密模型，而且还可通过布尔运算增加和减少多边形数据，以达到修补多边形网格的目的。在概念开发阶段，已有的交互式的多边形造型和编辑工具保证了用户快速成形的柔性。在开发过程的任何一步，用户都可以利用多边形可视化工具来进一步检查和评估模型的所有方面——这些都是实时的。

4）Imageware 点处理

提供的工具主要用于采集和测量点数据的评估并进行巧妙的处理，其可接受来自几乎所有的光学（照相）扫描仪、三坐标测量系统、激光扫描仪、射线扫描仪和有限元分析结果的数据，对点的数量或文件的大小没有限制。对点数据的处理是逆向工程或者检测的首要任务，用户可以从众多的工具中完全自由地选择对测量数据进行检测、修改和清理。用户可以对采集来的数据进行分类、排序和布置，以达到后续工作所需的最适合的形式。点的显示、密集点的抽样和点的可视化仅仅需要点击鼠标。多个扫描数据集可以被合并为一个，然后进行切割、裁剪或修改，用于建立特定的数据。对于采集数据进行操作最独特的好处是用户对产生什么，何时、何地和怎样使用都有完全的控制权。截面或自动产生，或指定产生，或完全交互，一切都取决于用户。另外的功能，如对采集数据的全局造型（用于偏置），对于用户在可行性研究的早期起到了辅助作用。

5）Imageware 曲面

该模块为复杂自由曲面形状的设计提供了一系列强有力的曲线和曲面创建编辑的功能，它包括曲面生成的主要命令，如扫掠、放样，以及其他产品中所没有的用于复杂形状开发的功能。创建的工具还包括倒角、翻边和曲面偏置。依靠直接编辑控制点，可以对曲线特性和曲面流进行控制，这就是它进行设计的实质。作为控制点编辑的补充，还应用了一个全新的约束解算器，用于曲线网络和生成曲面所需的一个全相关的曲线架构（或实时的历程解算器）。这些工具能够捕捉几何体之间的关系，使得编辑时相关几何体可自动更新，大大提高了设计师的效率。该曲面还为曲面匹配提供了功能强大的控制能力。它允许对相邻曲面在边界或者曲面内部进行位置、相切或者曲率的控制。更大范围的匹配选项还可提供对几何的最大限度的控制。在某些场合，设计需要使用模型（汽车行业的classA质量曲面），这将使用到高阶几何，而Imageware曲面可生成高达21阶的曲面，在贯穿整个曲面构造过程中能够保证设计者遵循设计、工程和制造的标准。

Imageware软件是专门用于曲线和曲面的检测、成形和评估的软件。利用三坐标测量机、激光扫描仪等测量设备配合曲面成形软件Imageware和加工中心、数控车床等设备，就可以实现产品的逆向制造。

（2）Geomagic

Geomagic Studio是美国Raindrop（雨滴）公司出品的逆向工程和三维检测软件，可轻易地从扫描所得的点云数据创建出完美的多边形模型和网格，并可自动转换为NURBS曲面。该软件也是除了Imageware以外应用最为广泛的逆向工程软件。

Geomagic Studio主要包括Qualify、Shape、Wrap、Decimate、Capture五个模块。主要功能包括自动将点云数据转换为多边形（Polygons）、快速减少多边形数目（Decimate）、把多边形转换为NURBS曲面、曲面分析（公差分析等）及输出与CAD/CAM/CAE匹配的文件格式（IGS、STL、DXF等）。

（3）CopyCAD

CopyCAD是由英国DELCAM公司出品的功能强大的逆向工程系统软件，它允许从已存在的零件或实体模型中产生三维CAD模型。该软件为生成来自数字化数据的CAD曲面提供了工具。CopyCAD能够接收来自坐标测量机的数据，同时跟踪机床和激光扫描器。

CopyCAD简单的用户界面允许用户在尽可能短的时间内进行生产，并且能够快速掌握其功能，即使初次使用者也能做到这点。使用CopyCAD的用户能够快速编辑数字化数据，产生具有高质量的复杂曲面。该软件系统可以完全控制曲面边界的选取，然后根据设定的公差自动生成光滑的多块曲面，同时，CopyCAD还能够确保在连接曲面之间的正切的连续性。

（4）RapidForm

RapidForm是韩国INUS公司出品的全球四大逆向工程软件之一。RapidForm提供了新一代运算模式，可实时将点云数据运算出无接缝的多边形曲面，使它成为三维扫描后处理的最佳接口。

RapidForm主要优势包括多点云数据管理界面、多点云处理技术、快速点云转换成多边形曲面的计算法、彩色点云数据处理及点云合并功能。

1.4 逆向工程设计前准备工作

逆向设计工作可能比做正向设计更具有挑战性。在设计一个产品之前，首先要尽量理解原有模型的设计思想，在此基础上还可能要修复或克服原有模型上存在的缺陷。从某种意义上看，逆向设计也是一个重新设计的过程。在开始进行逆向设计前，应该对零件进行仔细分析，主要考虑以下一些要点：

① 确定设计的整体思路，对自己手中的设计模型进行系统的分析。面对大批量、无序的点云数据，初次接触的设计人员会感到无从下手。这时应首先要周全地考虑好先做什么，后做什么，用什么方法做，主要方法是将模型划分为几个特征区，得出设计的整体思路，并找到设计的难点，基本做到心中有数。

② 确定模型的基本构成形状的曲面类型，这关系到相应设计软件的选择和软件模块的确定。对于自由曲面，例如汽车、摩托车的外覆盖件和内饰件等，一般需要采用具有方便调整曲线和曲面的模块；对于初等解析曲面件，如平面、圆柱面、圆锥面等，则没必要因为有测量数据而用自由曲面去拟合一张显然是平面或圆柱面的曲面。

第2章

三坐标测量机及其应用

2.1 三坐标测量机概述

（1）三坐标测量机定义

根据 GB/T 16857.2—2017 规定，三坐标测量机是一种使用时基座固定，能产生至少三个线位移或角位移，且三个位移中至少有一个为线位移的测量器具。三坐标测量机是由机械主机、位移传感器及探测部分、控制部分和测量软件等组成的测量系统。通过测头对被测物体的相对运动，可以对各种复杂形状的三维零件表面坐标进行测量。根据坐标测量机的配置不同，测量可以手动、机动或自动进行。通过增加不同附件，如旋转工作台、旋转测座、多探针组合、接触或非接触测头等，可以提高测量的灵活性和适用范围。通过人机对话，可以在计算机控制下完成全部测量的数据采集和数据处理工作。

三坐标测量机是一种高效率的精密测量仪器，它广泛应用于机械制造、仪器制造、电子工业、汽车和航空工业中，测量零部件的几何尺寸和相互位置，例如箱体、导轨、涡轮和泵的叶片、多边形、转子发动机缸体（次摆线形）、齿轮、凸轮、飞机形体等空间型面。三坐标测量机除用做三坐标检验之外，还可划线、定中心、刻制光栅和线纹尺、光刻集成线路板等，并可对连续曲面进行扫描。由于它的测量范围大、精度高、效率高，作为大型精密仪器与数控机床“加工中心”相配合有“测量中心”之称号。

（2）三坐标测量机的基本原理

将被测物体放在三坐标测量机的测量空间，获得被测几何面上各测量点的几何坐标尺寸，根据这些点的空间坐标值，经过数学计算求出待测的几何尺寸和形状位置误差。坐标测量的数据处理流程框图如图 2-1 所示。

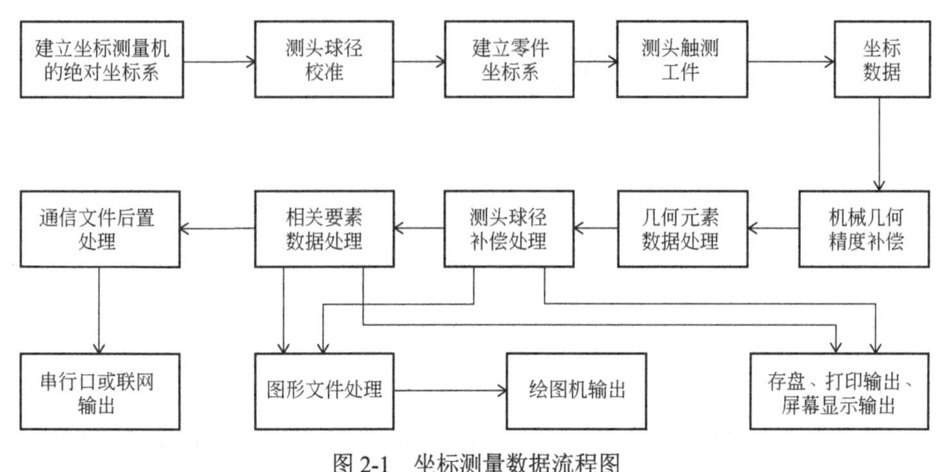

图 2-1　坐标测量数据流程图

2.2　三坐标测量机的分类

（1）按功能分

测量型和划线型。

（2）按操作方式分

手动型、机动型和 CNC 自动型。

（3）按精度分

A 类，空间测量不确定度不大于（1.5+L/300）μm（L 为待测长度）。

B 类，空间测量不确定度不大于（3+L/200）μm。

C 类，空间测量不确定度不大于（5+L/125）μm。

D 类，空间测量不确定度大于（5+L/125）μm。

（4）按结构分

1）移动桥式

移动桥式是使用最广泛的一种结构形式。特点是开敞性好，承载能力大，视野开阔，上下零件方便，运动速度快，精度比较高。有小型、中型、大型几种形式，如图 2-2 所示。

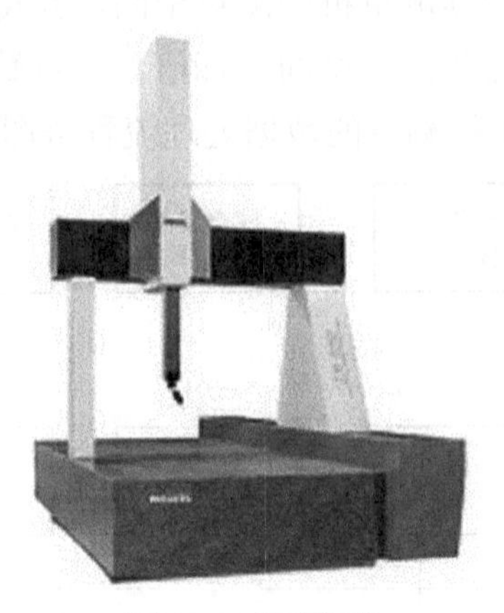

图 2-2　移动桥式

2）固定桥式

固定桥式测量机桥架固定，刚性好，动台中心驱动、中心光栅阿贝误差小，测量精度非常高，是高精度和超高精度测量机的首选结构，如图 2-3 所示。

图 2-3　固定桥式

3）立柱式

其结构类似于立式铣床，三轴独立导向运动。这种结构的优点是结构牢靠、运动精度高、开敞性好。局限在于尺寸不能太大，零件的重量对工作台运动有影响。适用于高精度的中心型坐标测量机，如图 2-4 所示。

4）固定工作台悬臂式

固定工作台悬臂式测量机结构简单，有很好的开敞性，占地面积小。缺点是横臂因为主轴移动会产生变形。适用于手动驱动的较低精度的小型坐标测量机，如图 2-5 所示。

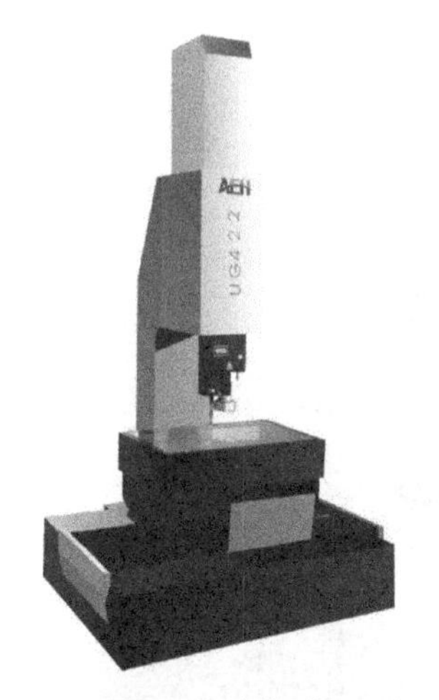

图 2-4　立柱式

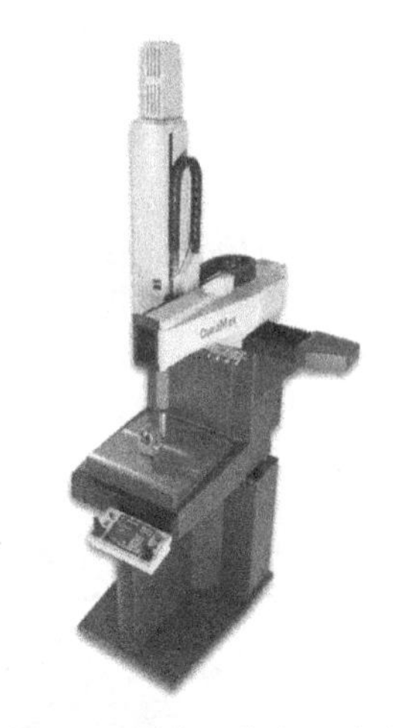

图 2-5　固定工作台悬臂式

5）水平悬臂式

水平悬臂式测量机开敞性好，测量范围大，可以由两台机器共同组成双臂测量机，尤其适合汽车工业钣金件的测量，如图 2-6 所示。

图 2-6　水平悬臂式

6）龙门式

龙门式又称为高架桥式，适合于大型和超大型测量机，可用于航空、航天、造船行业的大型零件或大型模具的测量。一般都采用双光栅、双驱动等技术提高精度。最长可达数十米，由于其刚性要比水平臂好，因而对大尺寸工件而言可保证足够的精度，如图 2-7 所示。

图 2-7 龙门式

2.3 三坐标测量机的标尺系统和探测系统

（1）标尺系统

目前国内外大多数三坐标测量机的长度测量标准均采用光栅测量系统。在光栅尺的材料选择方面也由传统的玻璃发展到与被测工件的热膨胀系数接近的金属光栅，甚至采用接近零膨胀系数的材料，以及适合大型测量机的不锈钢带镀金的带式光栅。

（2）探测系统

三坐标测量机的探测系统即测量头系统可分为接触式和非接触式两大类。

1）接触式测头

接触式测头又可分为开关式（触发式或动态发信式）与扫描式（比例式或静态发信式）两大类：

① 开关式测头的实质是零位发信开关。如果我们关心的只是零件的尺寸（如小的螺纹底孔）、间距或位置，而并不强调其形状误差（如定位销孔），则一般选用这种测头。这类测头体积较小，结构简单，当测量空间狭窄时测头易于接近零件。它们使用寿命长，具有较好的测量重复性，而且成本低廉，测量迅速，因而得到较为广泛的应用。在机械工业中有大量的几何量测量所关注的仅是零件的尺寸及位置，所以目前市场上的大部分测量机，特别是中等精度测量机，大都使用接触式触发测头。

② 扫描式测头，实质上相当于 X、Y、Z 方向皆为差动电感测微仪，X、Y、Z 三个方向的运动是靠三个方向的平行片簧支撑的，是无间隙转动，测头的偏移量由线性电感器测出。扫描式测头主要用来对复杂的曲线曲面实现测量。

目前绝大部分三坐标测量机生产厂均采用英国 RENISHAW 公司生产的触发式测头。

2）非接触式测头

非接触式测头主要分为激光扫描测头和视频测头两种。

激光扫描测头主要用于对较软材料或一些特征表面进行非接触的测量。测头距检测工件一定距离（比如 50mm），在其聚焦点 5mm 范围内进行测量，采点速率在 200 点/s 以上。通过对大量采集数据的平均处理而获得较高的精度。

视频测头扩展了测量机的应用范围，使得许多过去采用非接触测量无法完成的任务得以完成。印制电路板、触发器、垫片或直径小于 0.1mm 的孔等可采用视频测头进行测量。操作者可将检测工件表面放大 50 倍以上，采用标准的或可换的镜头实现对细小工件的测量。

3）选择测头的几点考虑

① 在可以应用接触式测头的情况下，慎选非接触式测头。

② 在只测尺寸、位置要素的情况下，尽量选接触式触发测头。

③ 在既考虑成本又要求能满足测量条件的情况下，尽量选接触式触发测头。

④ 在形状及轮廓精度要求较高的情况下选用扫描测头。

⑤ 扫描测头应当可以对离散点进行测量。

⑥ 考虑扫描测头与触发测头的互换性（一般用通用测座来达到）。

⑦ 易变形零件、精度不高零件、要求超大量数据零件的测量，可以考虑采用非接触式测头。

⑧ 要考虑软件、附加硬件（如测头控制器、电缆）的配套。

2.4 三坐标测量机的发展趋势

很早以前就有各式各样的测量机，例如测长机，它用于在一个方向上测量工件的长度，实际上是一个坐标的测量机，而万能工具显微镜是在 X 和 Y 两个方向可移动的工作台，用于测量平面上各点的坐标位置，因此可称为二坐标测量机。而三坐标测量机具有在空间上相互垂直的 X、Y、Z 三个运动导轨，可测出空间范围内各测点的坐标位置。

自 1959 年第一台数字移动式三坐标测量机由英国 Ferranti 公司发明以来，六十年的时间里，三坐标测量机得到极大的发展。20 世纪 60 年代末有近十个国家三十多个公司生产测量机，但这一时期的三坐标测量机仍处于初级阶段。进入 80 年代以德国 ZEISS、LEITZ 等为代表的众多公司竞相不断推出新产品，发展速度逐渐加快。特别是经过近二十年的发展和应用之后，在航空、航天、汽车、电子、机械等多个行业中使用三坐标测量机已经比较普及。

我国三坐标测量机发展过程可分为三个阶段。第一阶段是自 1972 年开始至 20 世纪 80 年代初。由于技术密集程度要求高，我国计算机技术落后，研制和生产处于样机试制阶段。第二阶段是自 20 世纪 80 年代初到 80 年代末，三坐标测量机研制的封闭式状况得到改善，引进了国外先进技术，结合自身的特点进行开发生产，加快了我国三坐标测量机生产的步伐。第三阶段为进入 20 世纪 90 年代至今，随着工业制造行业向集成化、柔性化和信息化发展，产品的设计、制造和检测趋向一体化，三坐标测量机的特点是：具有与外界设备通信的功能；具有与 CAD 系统直接对话的标准数据协议格式；硬件电路趋于集成化，并以计算机扩展卡的形式，成为计算机的大型外部设备。

目前我国已具备了从精密型坐标机到生产型坐标机直至分辨率为 10μm 的划线测量机的各种型号规格三坐标测量机的生产能力。主要有中国航空精密机械研究所、青岛前哨朗普、北京机床研究所、上海机床厂、上海光学仪器厂、新天精密光学仪器公司、昆明机床厂、宁江机床厂、莆田市京蒲精机公司等三坐标测量机生产厂家。

现代三坐标测量机是集光学、机械、数控技术和计算机技术为一体的大型精密智能化仪器，可以对任何复杂形状的空间尺寸进行测量。三坐标测量机已经成为现代工业检测和质量控制不可缺少的大型万能测量仪。三坐标测量机正向以下趋势发展：

① 测量机向高速方向发展；

② 出现了新型触发及扫描测头；

③ 测量机在逆向工程中扮演了重要角色；

④ 广泛应用 DMIS 标准；

⑤ 软件的性能成为影响竞争的主要因素（曲线曲面、钣金件、统计分析、图形报告输出、直接 CAD 连接……）；

⑥ 温度变形、动态性能的研究日趋重要；

⑦ 质量、精度及重复性仍然是大家关心的重要课题；

⑧ 深层次的、本地化的服务成为行业另一个鲜明特色。

2.5　德国 WENZEL LH65 型三坐标测量机介绍

（1）结构

采用可移动桥式结构，三个轴和工作台均采用花岗岩制造，移动支撑采用合金钢材料制造，三根轴采用气悬浮结构，如图 2-8 所示。

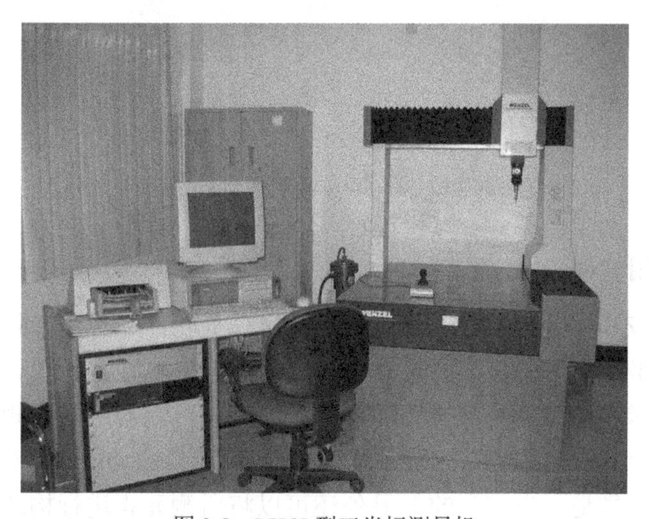

图 2-8　LH65 型三坐标测量机

（2）工作环境及精度

工作温度：（20±1）℃；相对湿度：<70%RH；工作气压：0.6～1.0MPa；工作电源：210～230V；测量精度：（2.5±L/400）μm。

测量范围：X，650mm；Y，750mm；Z，500mm。

（3）标尺系统和探测系统

标尺系统采用英国RENISHAW公司生产的自粘开放式金属光栅尺，接近花岗岩基本的热膨胀系数，提高了设备的稳定性。探测系统包括英国RENISHAW公司生产的PH9A旋转头和TP20触发式传感器。PH9A旋转头可在水平面±180°和垂直面105°方向上旋转，旋转的最小角度是7.5°，如图2-9所示。探针由人造红宝石探头和探杆组成，现有的探头有ϕ0.3～10mm的直径。探针在第一次使用前都需要进行标定，标定过的探针在使用时，软件会自动补偿测量探针的半径值。标定球由英国RENISHAW公司生产。

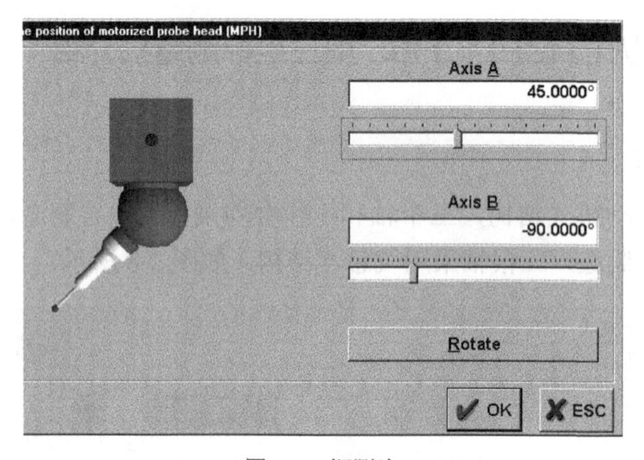

图2-9　探测头

（4）应用软件和操作系统

由WENZEL公司提供的Metrosoft CM3.21软件，其操作界面如图2-10所示。该三坐标测量机可以测量常规的几何元素，包括点、线、面、圆、圆柱、圆锥、球和槽等的几何尺寸和形位公差；还可以对一些不规则的曲线、曲面进行测绘；具有编程测量和导入CAD数模测量的功能，这对于工厂生产同类零件的测量是相当有利的。另外还可以将所测元素进行构造，产生一些需要的相交、投影、垂直等几何元素，也可以把分散测量的元素构造成一个元素。

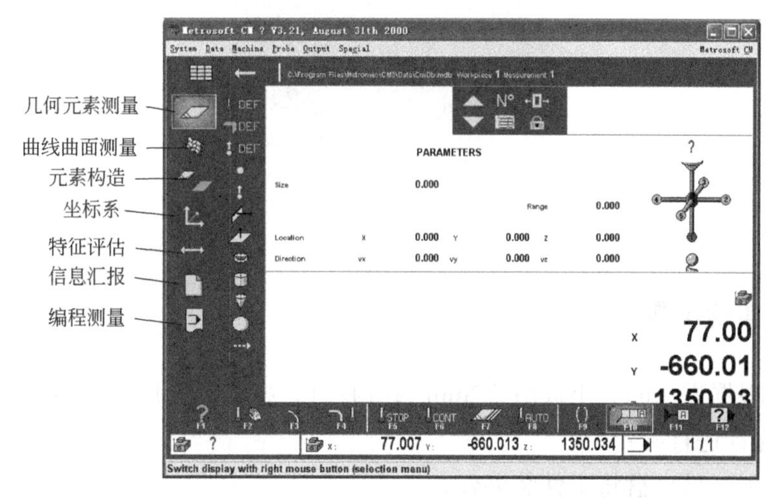

图 2-10　Metrosoft CM3.21 软件界面

该软件特点是：根据一些给定的初始条件可以自动完成直线、平面、圆、圆柱、球、圆锥、曲线和曲面的测量，虽然接触测量速度慢，但有了这项自动测量的功能就可以大大减轻测量人员的劳动强度，同时还可以提高测量的精度。如果配备了相应的测量模块软件，还可以测量比较复杂的蜗轮、蜗杆和齿轮的形状参数。

2.6　凸轮测绘实验

2.6.1　实验目的

① 初步掌握三坐标测量机 HT400 操作板的使用方法；
② 掌握点、线和面的测量方法；
③ 掌握直角坐标系的建立；
④ 掌握曲线的测绘和形体的构造。

2.6.2　实验内容

对如图 2-11 所示工件进行测绘并构造出它的实体。

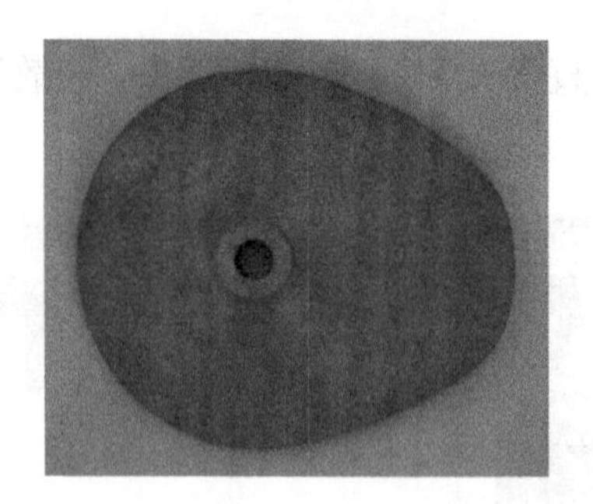

图 2-11 凸轮

2.6.3 实验步骤

① 根据零件的大小选用 ϕ2mm 直径探针，探针的角度为 A=0°、B=0°，然后对探针进行标定。

② 用三爪夹盘将工件装夹好。

③ 根据图 2-11 所示工件的形状，选择图 2-10 菜单中建立坐标系的元素。

④ 先选图 2-10 几何元素测量中平面测量，测量顶面上任意不在一条线上的三个点，由这三个点确定一个平面——XY 面。

⑤ 再选几何元素测量中直线测量，测量顶面上的两个点确定一条线 L——X 轴。

⑥ 最后再选几何元素测量中圆的测量，以顶面作为基准，测量内圆定圆心 O。至此就建立好了如图 2-12 所示的直角坐标系。

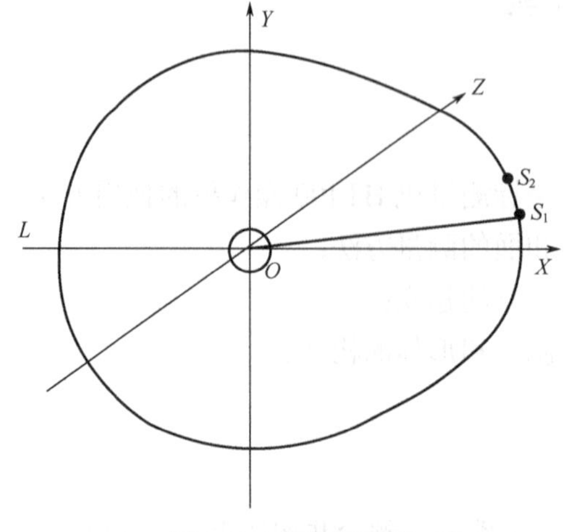

图 2-12 直角坐标系

⑦ 对工件的外轮廓曲线进行测绘。

➢ 选择自动，同时选择图 2-10 中曲线曲面测量中曲线的图标。

➢ 选择 *XY* 平面作为基准平面，选择封闭曲线测绘，根据需要选择测绘的深度。

➢ 在工件边缘上测一点 S_1。

➢ 在它的附近再测一个方向点 S_2。

➢ 输入需要测量的最短步长 0.5mm、最长步长 1mm 和起始步长 0.5mm。根据精度要求可以调节测量的步长。

➢ 按确定键开始测量。

➢ 将测量的结果输出到所需目录下。

⑧ 测量内孔，直径为 10mm。测量凸出的外圆，直径为 20mm，测量凸圆的高度为 5mm。

⑨ 根据上述测量结果用图形处理软件构造所需工件的实体（将在第 3 章介绍）。

2.6.4　实验报告

① 记录测试结果。

② 所测量的图形文件的数据格式是*.vda，也可以通过测量软件转换为*.igs 的格式，用 PROE、UG、Imageware 等软件对测绘的点云进行构造，得出所测工件的实体图形。

2.7　基于已知 CAD 模型的零件测量

2.7.1　实验目的

① 掌握已知 CAD 模型的数据导入。

② 掌握 CAD 模型上点、线、面等元素的测量方法。

③ 掌握测量数据与名义数据的对比输出。

2.7.2　实验内容

对如图 2-13 所示工件进行参数的测量。

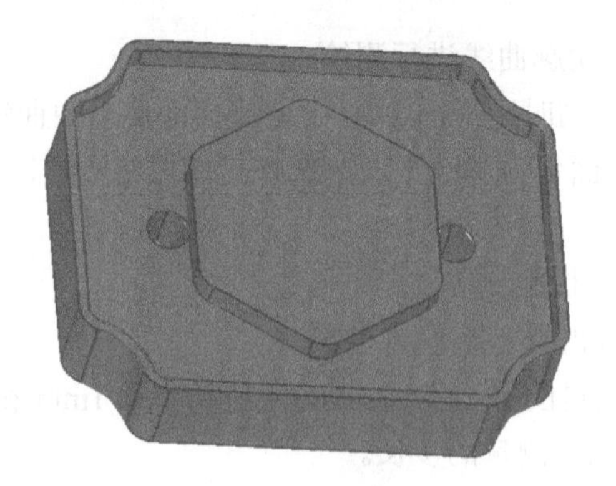

图 2-13　工件数字模型

2.7.3　实验步骤

① 根据工件的大小选用合适的探针，探针的角度为 A=0°、B=0°，然后对探针进行标定。

② 用夹具将工件装夹好，如图 2-14 所示。

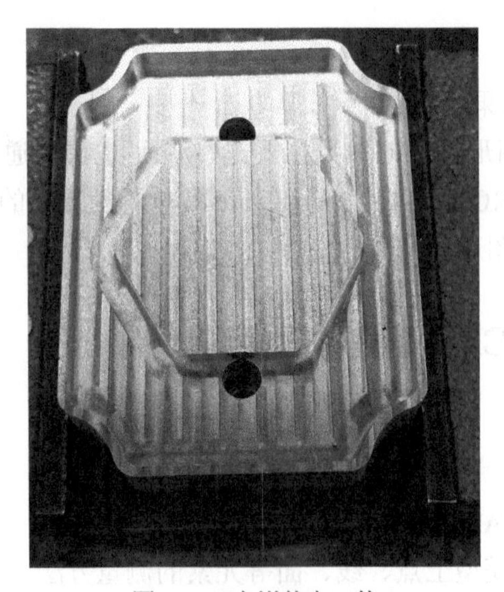

图 2-14　虎钳装夹工件

③ 将工件数字模型导入 WENZEL 三坐标测量机软件，导入步骤如图 2-15 所示：通过 **Data→Import→Free-form data**（**CAD**）命令打开文件 BB.igs。

通过鼠标右键打开该数字模型图形，如图 2-16 所示。

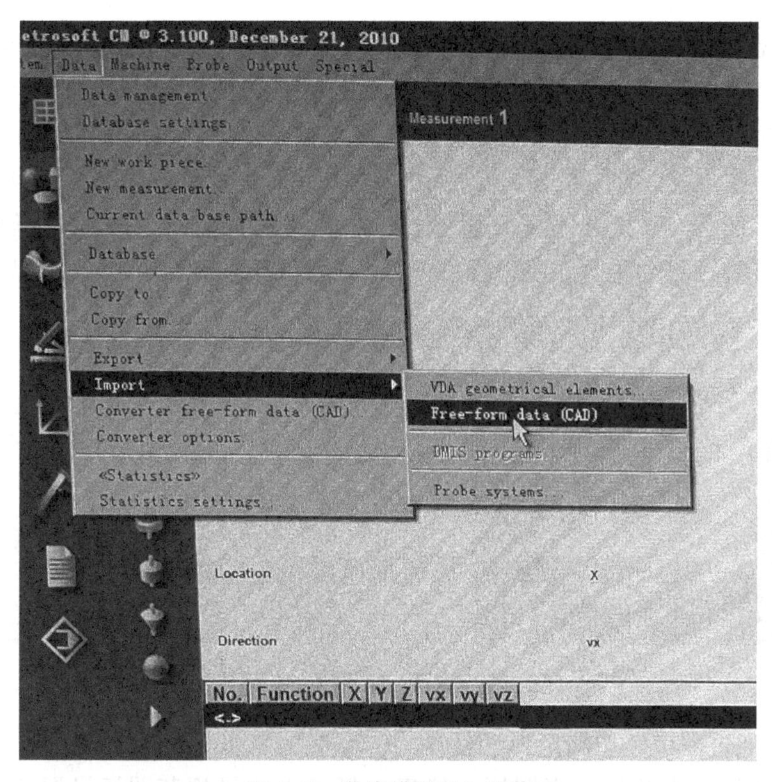

图 2-15　数字模型导入步骤

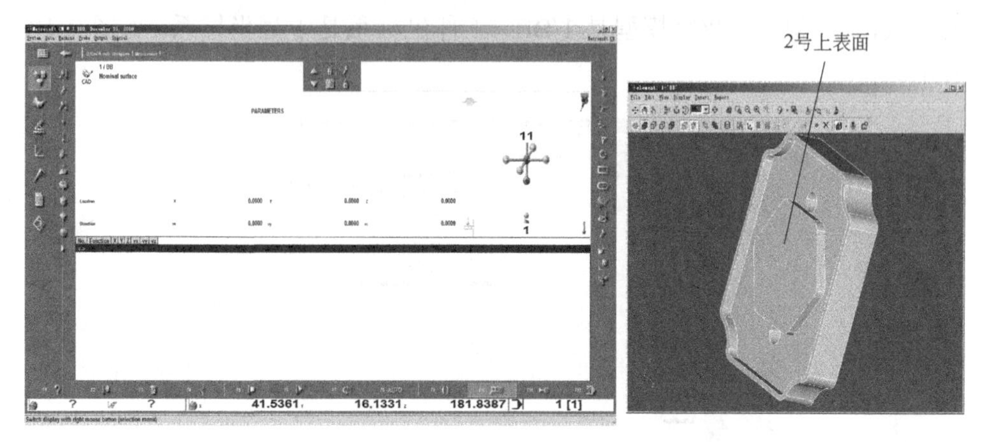

图 2-16　数字模型导入图形

④ 建立零件坐标系。

通过数字模型进行测量，首先要保证所建测量坐标系与原始数字模型坐标系完全一致。通过 **Insert→Point** 命令可以用鼠标点选图形上任意一点查看数字模型上该点的坐标值，如图 2-17 所示。根据读取数字模型上的数据可知，上表面是 Y 轴的 O 平面，工件的两个长边是 X 轴方向，原点是零件的中心点。以此测量 2 号上表面定义 Y 轴的正方向和 Y 轴的坐标 O 点，测量两个长边然后取中心线定义 X 轴，测量两个圆孔取中心定义 X 轴和 Z 轴的坐标 O 点，保存零件坐标系为 1 号坐标系。坐标系建好后，为了验证坐标系的正确性，移动测针看测针移动是否跟零件保持一致。只有所建坐标系跟数字模型完全一致，才能保证后续测量的正确。

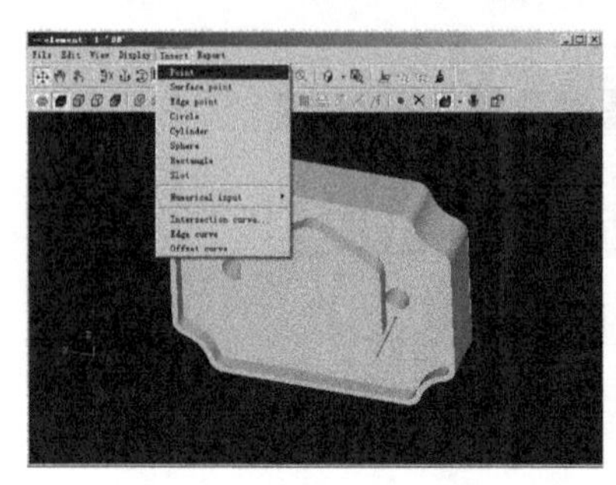

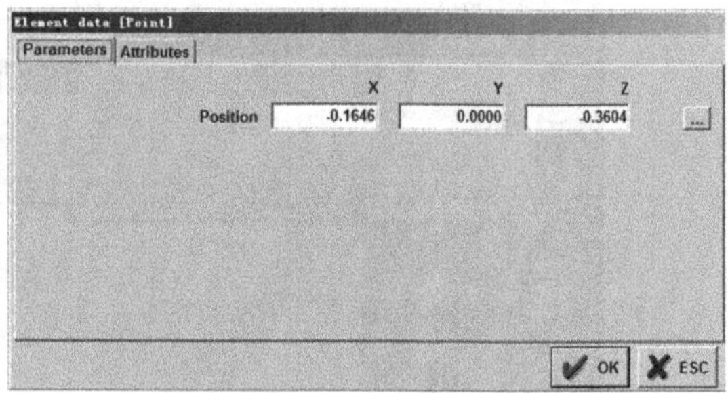

图 2-17　查看数字模型上的坐标值

⑤ 通过数字模型测量一个圆。

先选择基本几何元素图标，然后选择元素测量规范图标设置测量数据的参数，1 号测量，数字模型是 1/BB，工件坐标系是 1 号坐标系，如图 2-18 所示。

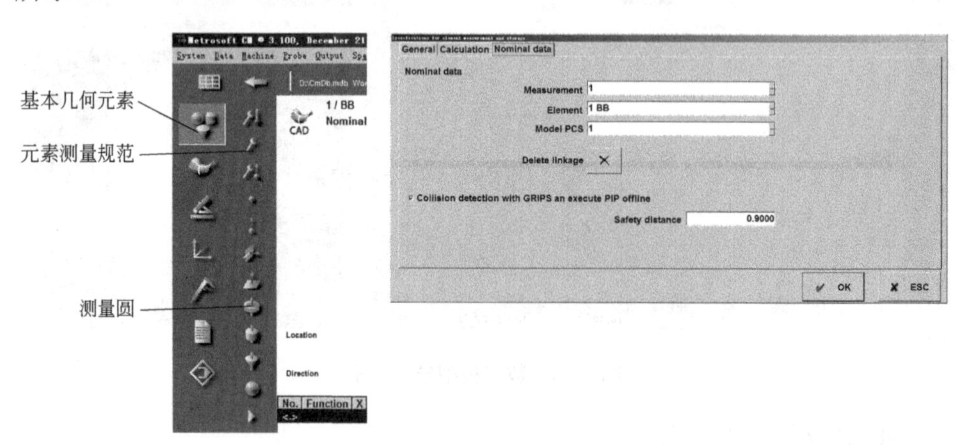

图 2-18　设置数模测量参数

接着点选 Auto 并点选测量圆，得到如图 2-19 所示对话框，设置测量圆的

参考平面为 *ZX* 平面，然后用鼠标点选要测的内圆，得到数字模型值，然后设置测量的点数和测量的深度以及测量的范围，最后点对钩开始自动测量内圆。得到如图 2-20 所示 9 号圆所测点的分布图。

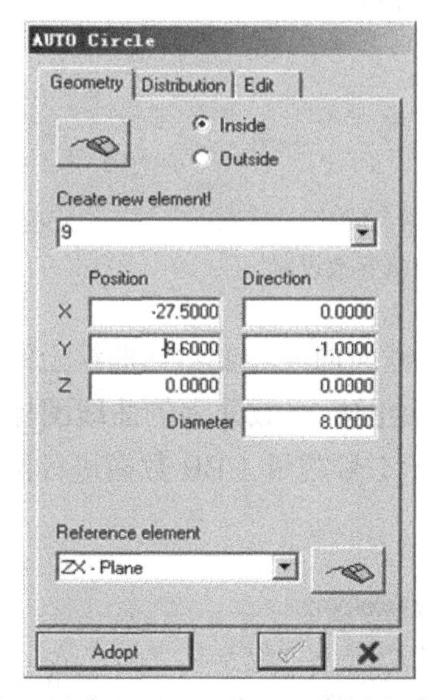

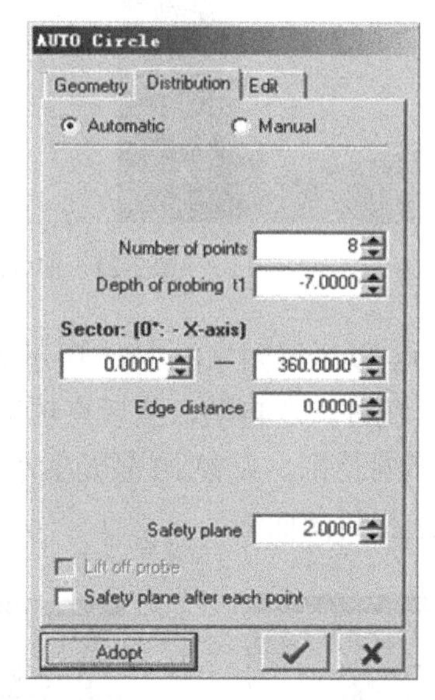

图 2-19　测圆参数设置

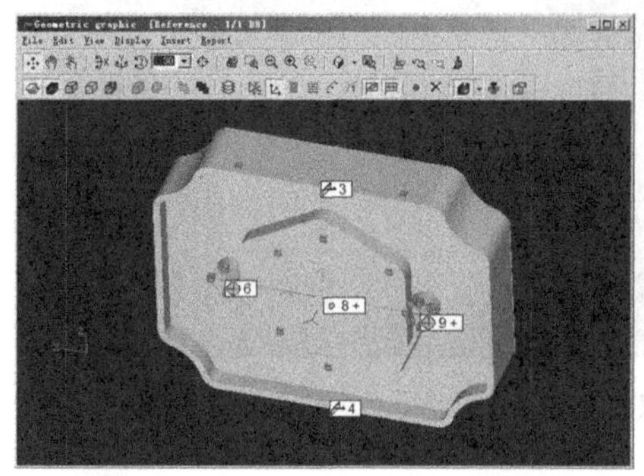

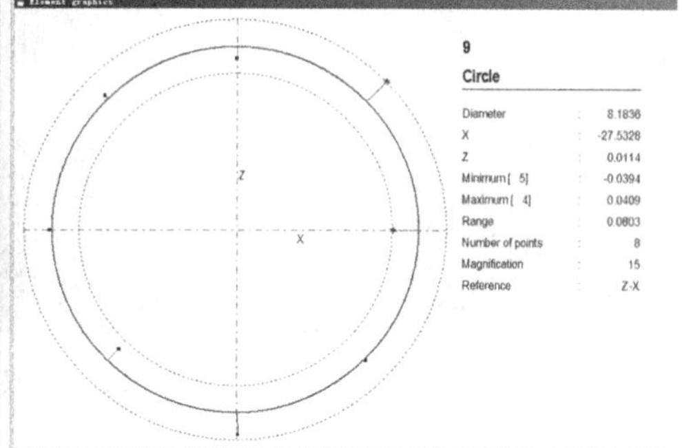

图 2-20　9 号圆所测点分布图

⑥ 通过数字模型测量一条曲线。

首先打开数字模型图形对话框，然后通过 **Insert→Intersection curve** 设置截面曲线的条件。参考平面是 *ZX* 平面，或者前面测量的 2 号平面，深度为 −2mm，测量 1 条曲线，如果测量多条曲线，需要设置每一条曲线之间的偏离值，如图 2-21 所示。

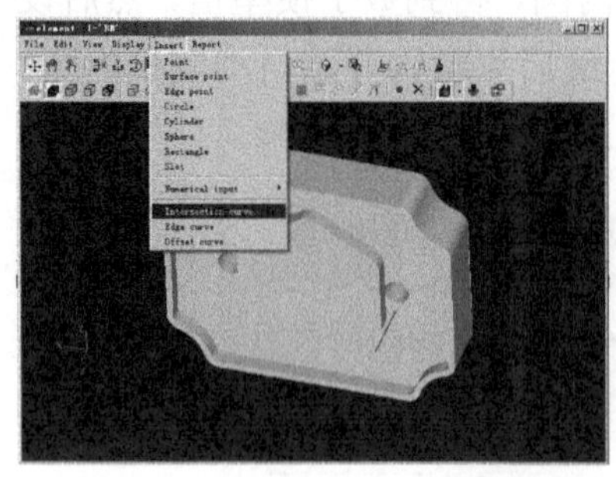
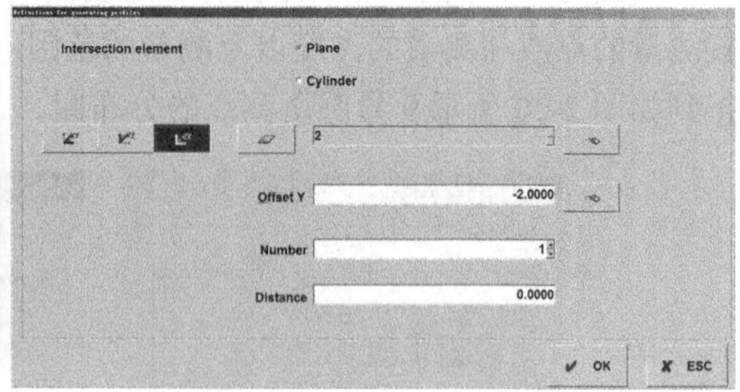

图 2-21 曲线测量参数设置

点按 OK 以后得到如图 2-22 所示的截面曲线。要对该曲线上的点的数据进行测量，通过点选自动，然后点选**测绘图标→截面上的曲线图标**，得到如图 2-23 所示对话框。设置 10 号元素基于 1 号测量 1/BB 数模进行测量，测量 50 个点，选择封闭曲线。

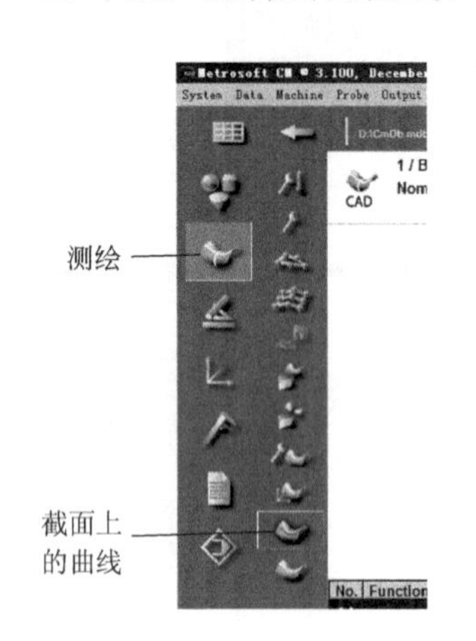

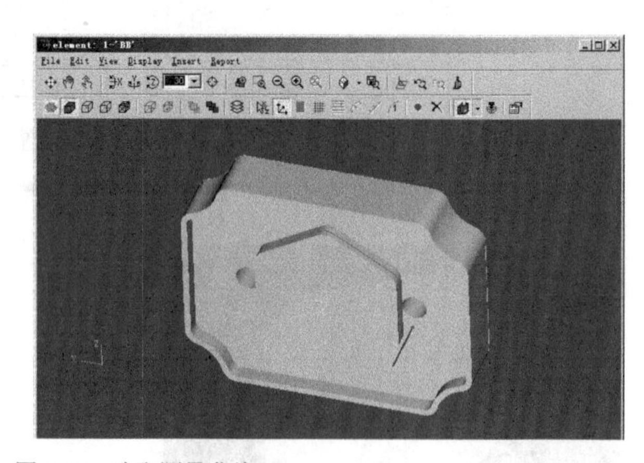

图 2-22 选取测量曲线

用鼠标点击 OK 后需要测量三个点，第一个是图形上需要测量的起始点，第二个是朝外还是朝里的方向点，第三个是顺时针或逆时针测量的方向点，得到如图 2-24 所示的结果，然后点 OK 开始自动测量。

测量完毕后，通过 **Report→Prepare view** 命令设置要输出的数据，包括数据格式，显示页面格式，如果不是所有点都输出显示，可以选择隔多少个点显示。为了使数据显示对齐，可以拖动相关数据到适合的地方，最后通过 **Report→Print** 命令输出一个 XPS 的文件，如图 2-25 所示。

Definitions for measuring free-form elements

General | Tolerances 1 | Tolerances 2 | Measure 1 | Measure 2 | Measure 3

Actual element 10

Nominal data

Measurement 1

Element 1 BB

Projection rules

Search range 5.0000

Use stored reference surfaces

Calculate nominal point using direction in PIP

Take surface boundaries into account

Consider surface orientation (inside/outside) with surface selection

Consider probing direction (angles) for the selection of surfaces

OK ESC

Measurement of profiles

Manual

Number of curve points 50

Curve length b 10.0000

Chord length l 10.0000

Chord height h 0.1000

Minimal chord length 1.0000

Maximal chord length 10.0000

Curvepoints

Open or closed curve

Connect curves for graphical representation

Automatic calculation of intermediate points

MAN DEF OK ESC

图 2-23 曲线测量参数设置

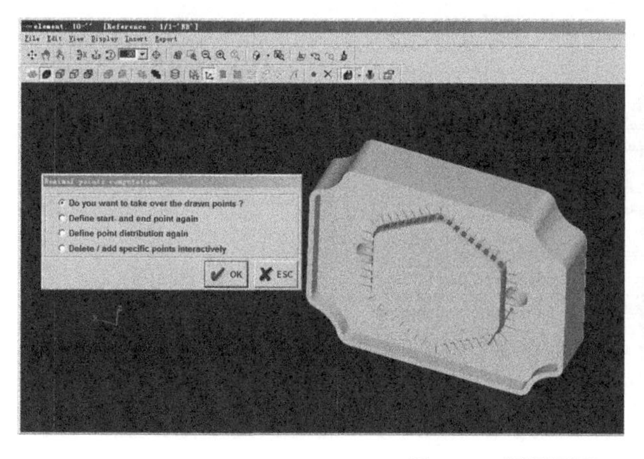

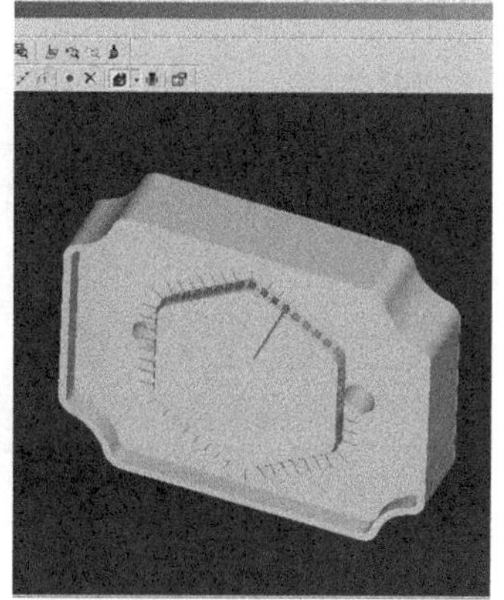

图 2-24 测量界面

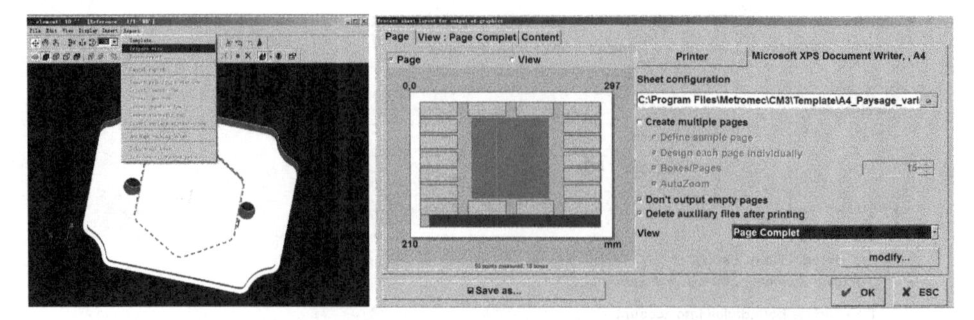

（a）步骤 1

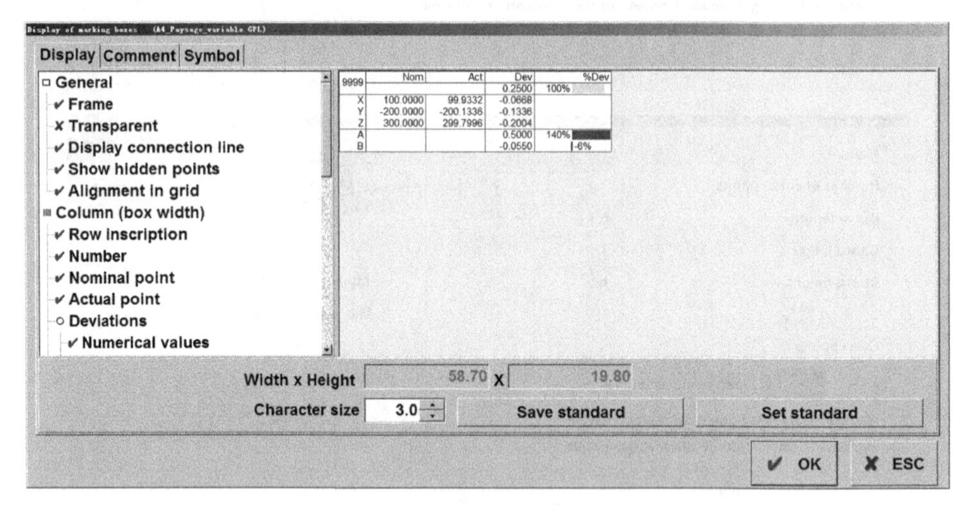

（b）步骤 2

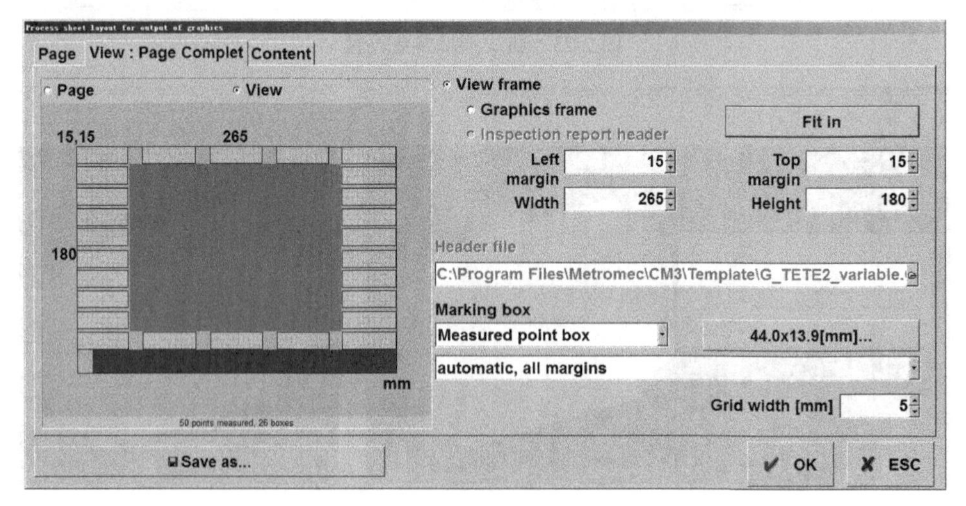

（c）步骤 3

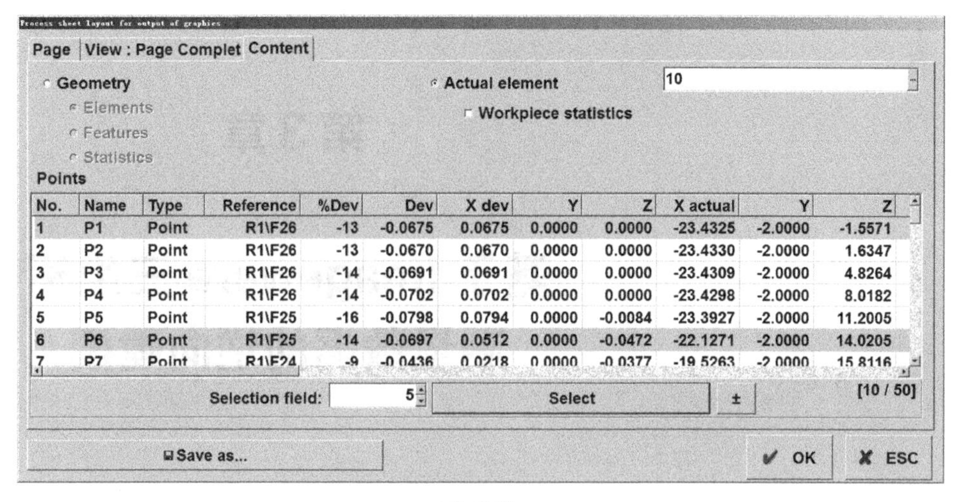

（d）步骤 4

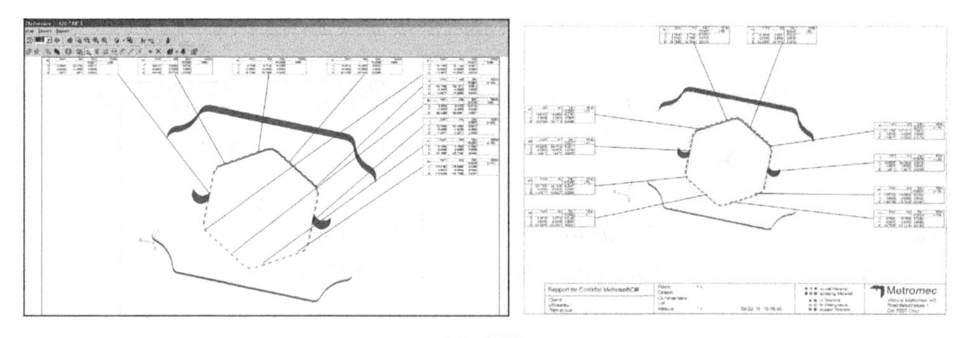

（e）步骤 5

图 2-25　输出数据设置

2.7.4　实验报告

① 根据以上步骤进行几何元素、曲线的数字模型测量练习，输出测量报告。

② 分析测量结果与设计数据之间的误差。

第3章

基于 Imageware 三坐标测量数据的逆向建模

本章将介绍根据三坐标点接触式测量方式测得的数据进行逆向建模。由于点接触式测量的测量速度慢，较适合进行标准几何元素测量和曲面上比较容易提取特征曲线的工件的测量。如果工件曲面曲率变化大，需要提取大量的数据，就不适合点接触式测量；点接触式测头在测量过程中要触碰工件，一些受外力作用比较容易变形的工件也不适合使用接触式测量。

3.1 凸轮的逆向建模

根据上一章所测的数据，利用 Imageware13.2 软件实现凸轮的逆向建模，步骤如下。

① 在电脑上打开微信，关注公众号“基于 Imageware 的逆向工程”，点击下方的“教材数据”，通过浏览器打开下载“逆向工程教材数据”压缩文件包，解压文件。通过 Imageware13.2 软件的文件菜单打开其中的凸轮文件“凸轮.imw”，如图 3-1 所示。也可以打开凸轮视频，学习凸轮逆向的操作步骤。

② 取消群组。通过**编辑→取消群组**，选择需要取消的数据点云，然后应用。

由于测量的数据是一个群组，而对于群组是无法编辑的，需要取消。

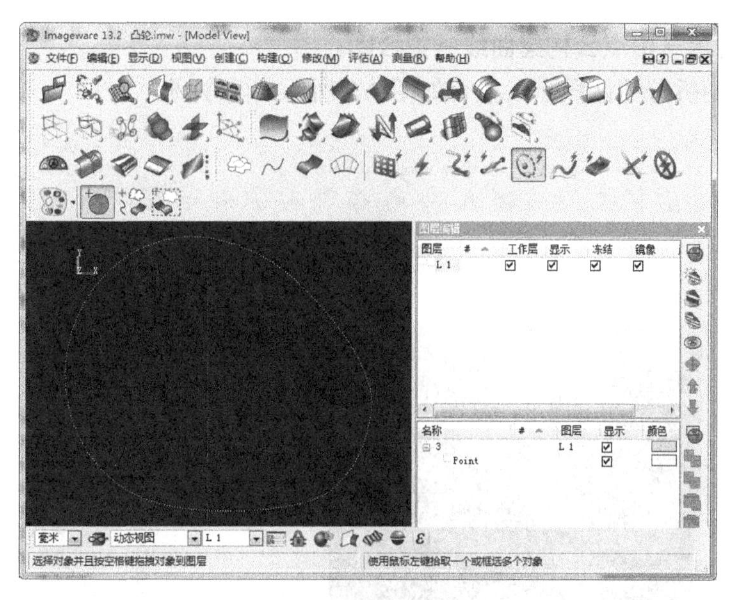

图 3-1　打开文件

③ 由于测量的图形坐标跟直角坐标系不一致，需要对点云进行对齐摆正操作。步骤如下。

a．拆分两头圆弧形状的点云，**修改→抽取→圈选点**，通过这个步骤，选择要选取的点云，如图 3-2 所示。

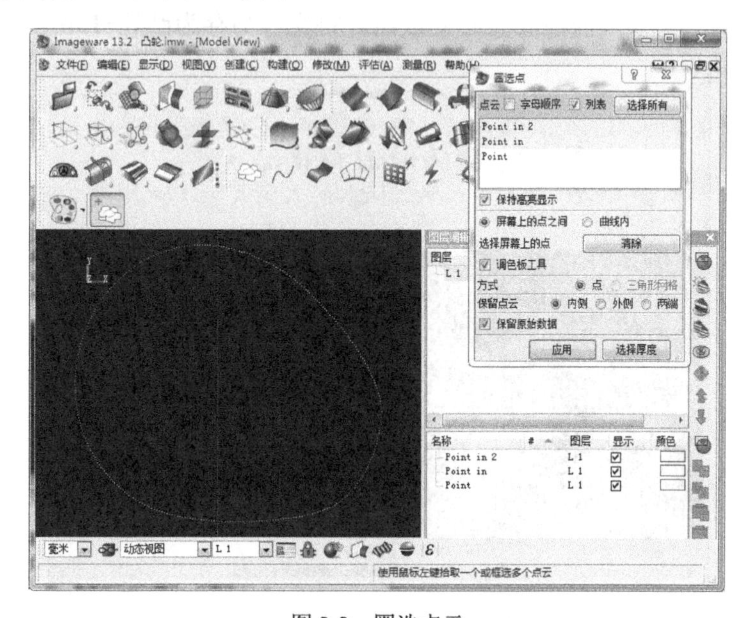

图 3-2　圈选点云

b．**构建→由点云构建曲线→拟合圆**。

分别由拆分的两段点云拟合如图 3-3 所示的两个圆。

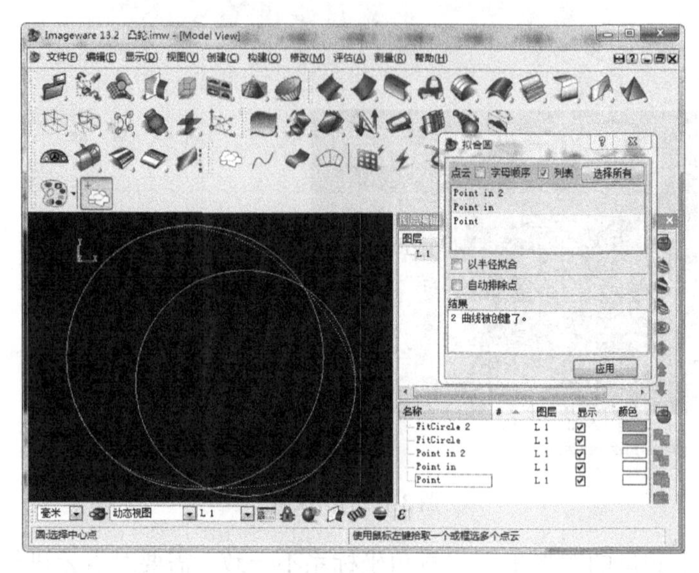

图 3-3　拟合圆

c．**创建→简易曲线→直线**。

分别点选两个圆，由两个圆的圆心创建一条直线，如图 3-4 所示。选取圆心时要激活交互板上曲线和圆心的按钮。将文件另存为**凸轮-1.imw**。

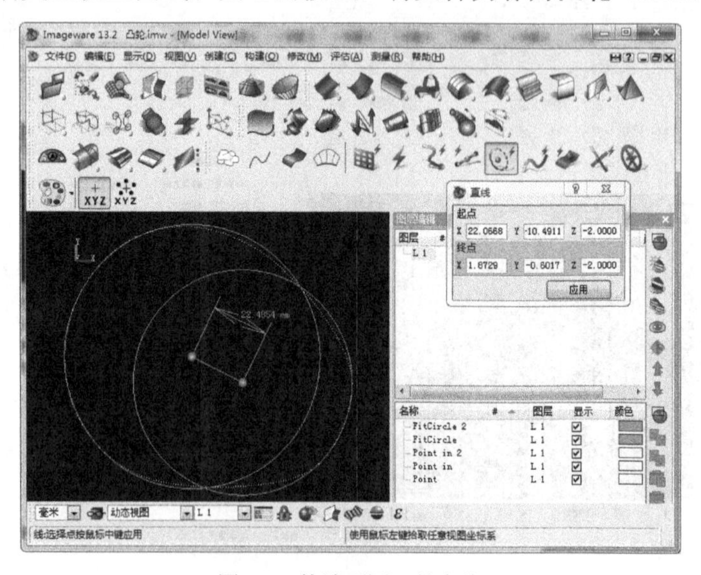

图 3-4　构造两圆心的直线

d．**创建→点**。

选择上述线段，取线段的中点产生一个点。

e．**创建→简易曲线**。

通过这个步骤，产生要跟上述图 3-4 构造两圆心的直线配对的线（0,0,0～50,0,0）和圆（0,0,0，方向为 *Z* 方向，半径 10），数据单位都为 mm，如图 3-5 所示。将文件另存为**凸轮-2.imw**。

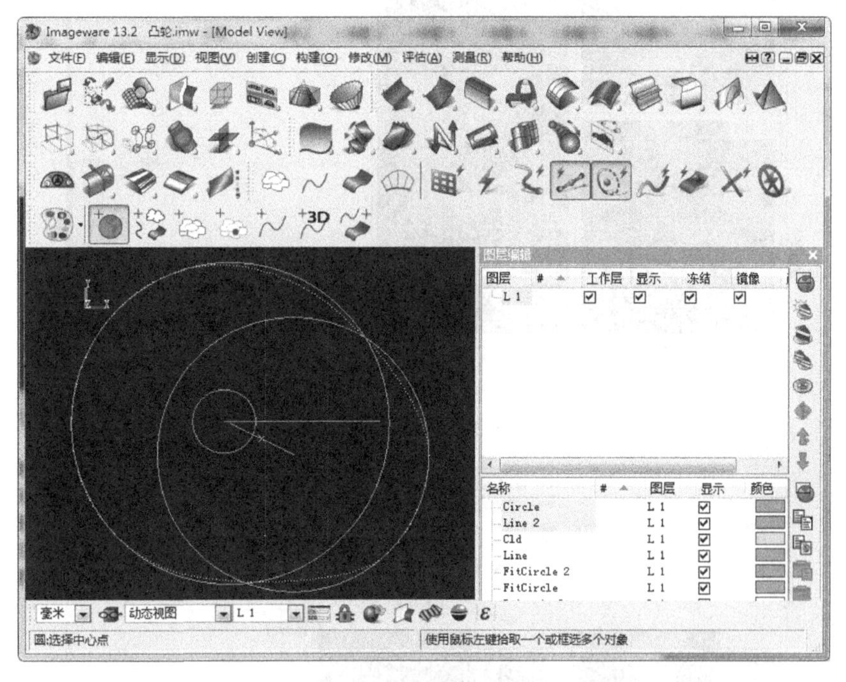

图 3-5　创建配对元素

f．**对齐**。

对齐前，先将前面拆分的点云和构建的圆删除，把原始点云和根据点云构造的线、点建立一个群组。

通过**修改→定位→根据特征定位**命令来进行对齐。

选取逐步配对方式，先选择直线，把群组中的线与步骤 e．创建的线进行配对，然后再选择点，把群组中的点和创建的圆进行配对，如图 3-6 所示。

通过配对的步骤，把原始的数据点云跟直角坐标系进行了对齐，如图 3-7 所示。将文件另存为**凸轮-3.imw**。

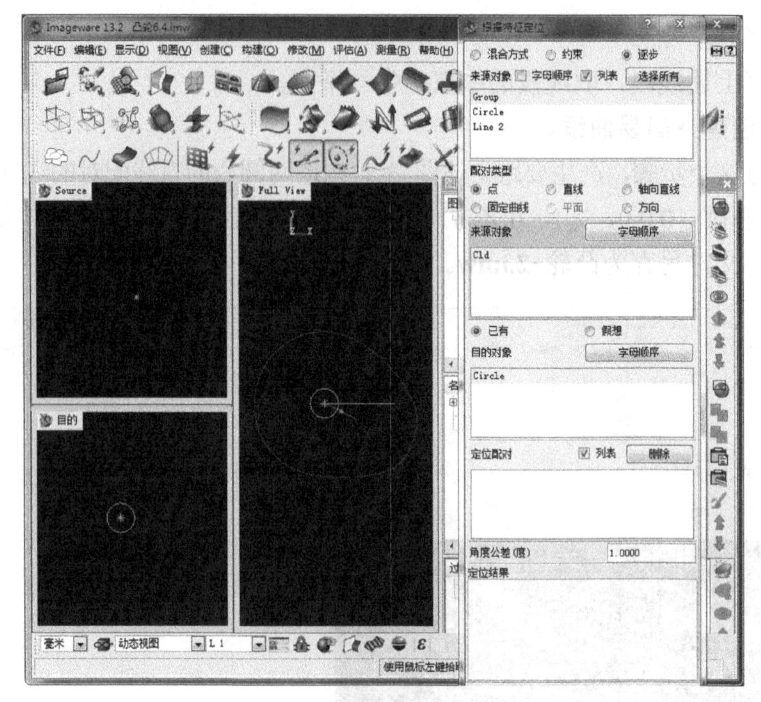

图 3-6 逐步配对

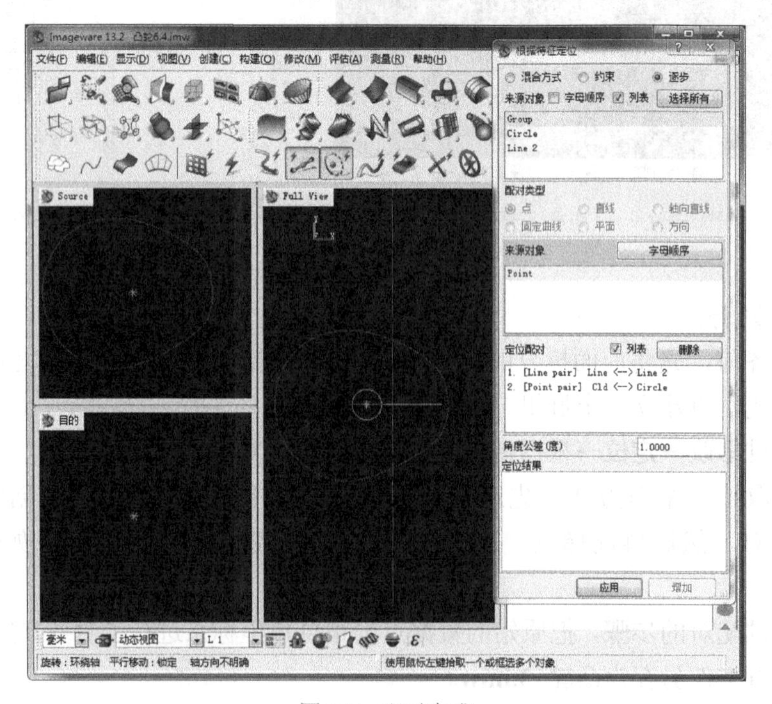

图 3-7 配对完成

④ **构建→由点云构建曲线→内插法曲线**。

取消群组，将原来进行配对用的数据都删除，只保留原始点云。然后将原始点云构建一条封闭的曲线，然后把点云隐藏不可见。将文件另存为**凸轮-4.imw**。

⑤ **创建→平面→中心/法向**。

创建 *Z* 方向上高度为 0 和−10mm 的两个平面，如图 3-8 所示。

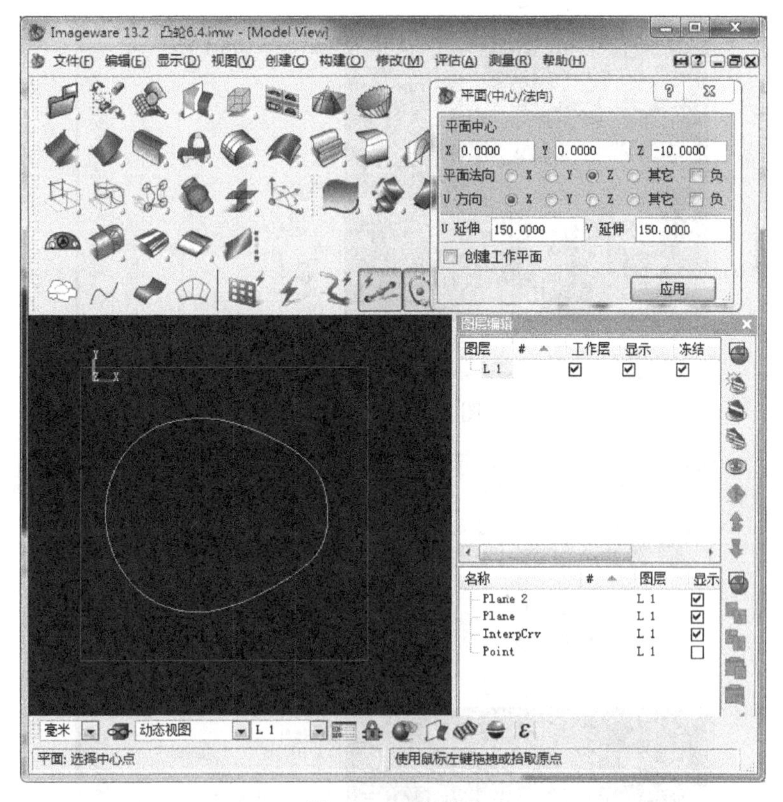

图 3-8　创建平面

⑥ **构建→扫掠曲面→沿方向拉伸**。

用鼠标点选曲线，扫掠方向选择 *Z* 向，把负向打钩，正向的距离设为 10，点击应用，如图 3-9 所示。

⑦ **修改→修剪→使用曲线修剪**。

曲面选择上述创建的平面，命令曲线点选拟合的曲线，修剪类型选择外侧修剪，分别对两个平面进行修剪，如图 3-10 所示。然后通过**显示→曲面→着色**，使整个轮廓显示颜色。将文件另存为**凸轮-5.imw**。

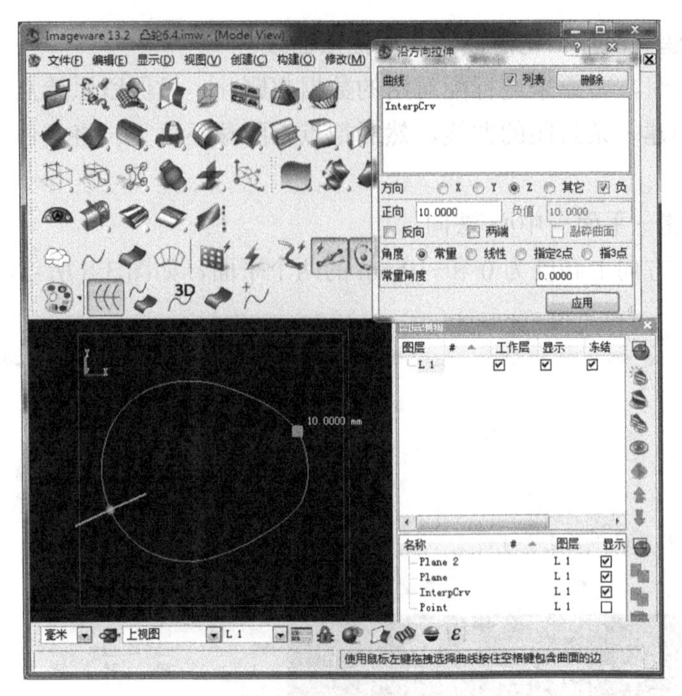

图 3-9 扫掠曲面

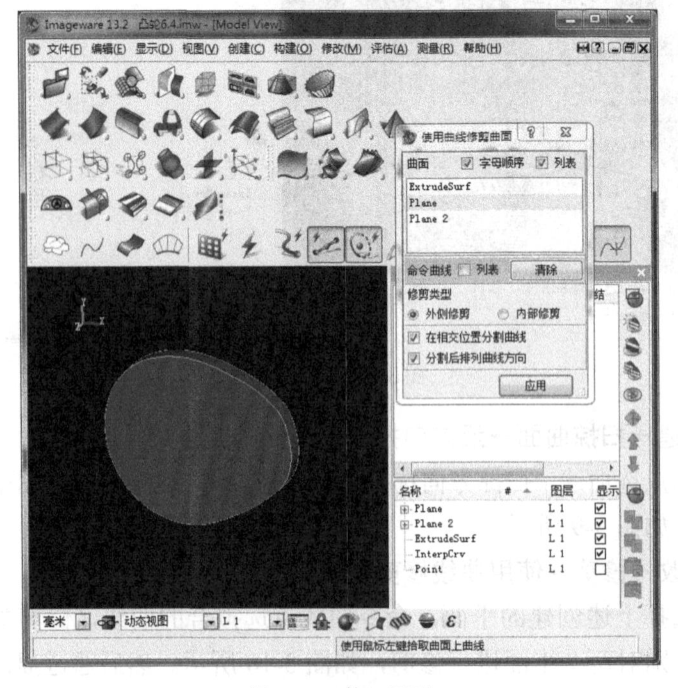

图 3-10 剪切平面

⑧ **创建内孔和外凸圆。**

根据上一章测量的结果和内孔直径 10mm、外凸圆直径 20mm、凸圆高度 5mm 的尺寸进行创建，得到如图 3-11 所示的凸轮。将文件另存为**凸轮-6.imw**。

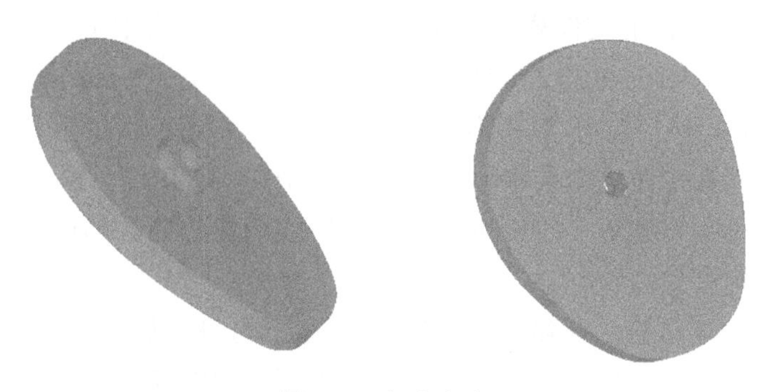

图 3-11　拟合完成

3.2　板件的逆向建模

现在要对图 3-12 所示的板件进行逆向建模。从图形可知，它是一个二维图形拉伸而成的，所以用三坐标测量机来测量相关元素就很简单。根据板件的形状，测量图中所标注的几个元素，其中 1 号元素是建立 *XY* 平面的元素，2 号元素确定坐标系的原点，由 3 号线确定 *Y* 坐标方向。

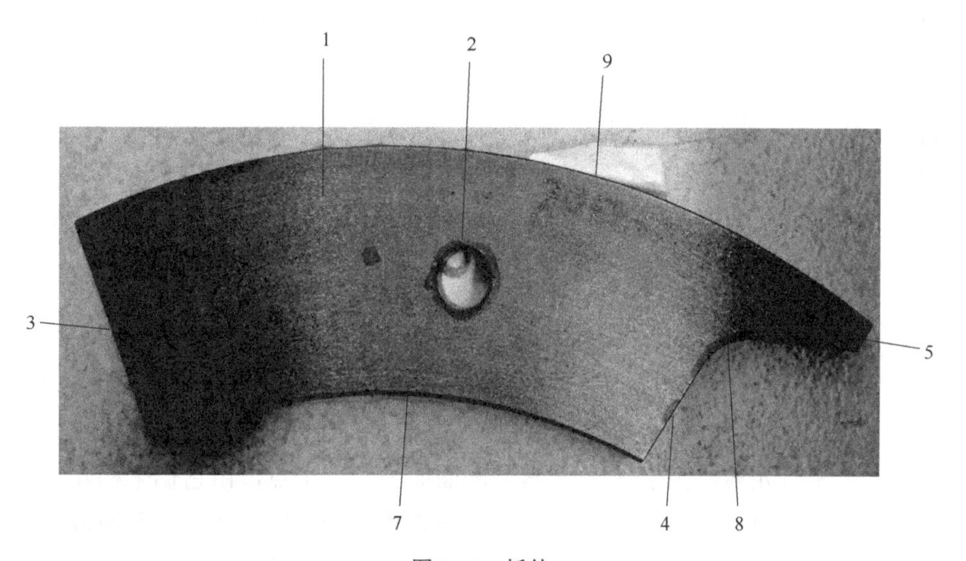

图 3-12　板件

在电脑上打开微信，关注公众号“基于 Imageware 的逆向工程”，点击下方的“教材数据”，通过浏览器打开下载“逆向工程教材数据”压缩文件包，解压文件。可以打开板件视频，学习板件逆向的操作步骤。通过 Imageware13.2 软件的文件菜单打开其中“板件”文件夹中 1 号元素。由于测量的文件类型是*.vda 的格式，所以需要选择文件类型为*.vda 格式或 All Files（*）才能看到，然后打开“图层编辑器”，将 L1 图层命名为“POINT”，后续打开的点云元素都在这个层中。然后新建一个层“WIRE”，后续构造的曲线都在这一层中，再建一个“SURFACE”，后续构建的曲面都在这一层。这样方便管理所构造的元素。

由于每次打开的元素都是一个群组没法编辑，所以要先通过编辑→取消群组的命令来选择新打开的 1 号点云，然后执行应用。1 号点云就是工件坐标系的 *XY* 平面，这里不再构建。

同样的操作打开 2 号点云并取消群组，然后来构造一个圆。

通过**构建→由点云构建曲线→拟合圆**命令得到如图 3-13 所示的圆，由于构建的圆的半径是 4.7384mm，加上工件的磨损，重新设定圆的半径 4.74mm，圆心（0,0,0）不变。

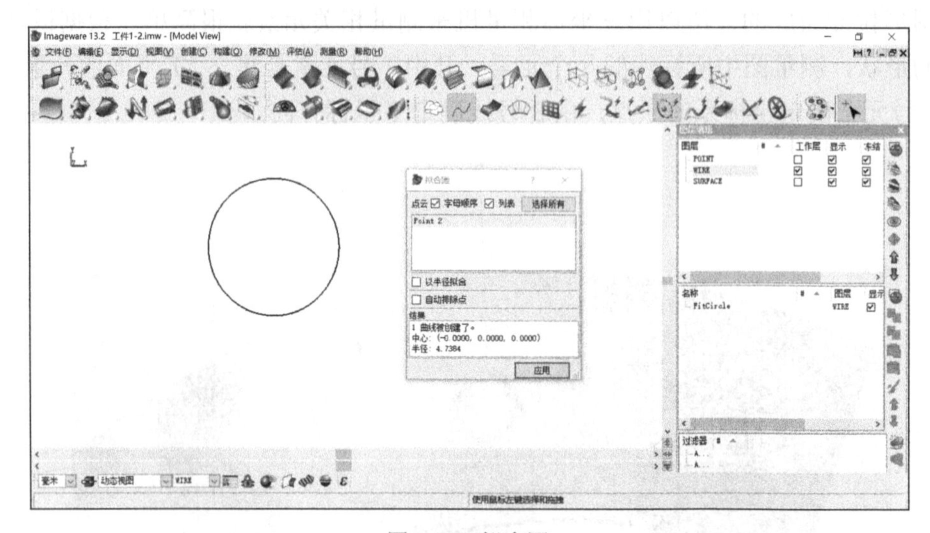

图 3-13　拟合圆

打开 3 号元素，由于 3 号元素是侧面面上的三个点，由它们来构建一条 *XY* 平面上的直线。选择**创建→简易曲线→直线**命令，这时要把**交互面板**上的**点云捕捉器开关**打开，使得点云可选。然后选择两个点来构造直线。这时会发现采集的两个点的 Z 坐标不在 O 平面上，修改两个 Z 坐标为 0，这样创建的直线就在 XY 平面上。如图 3-14 所示。

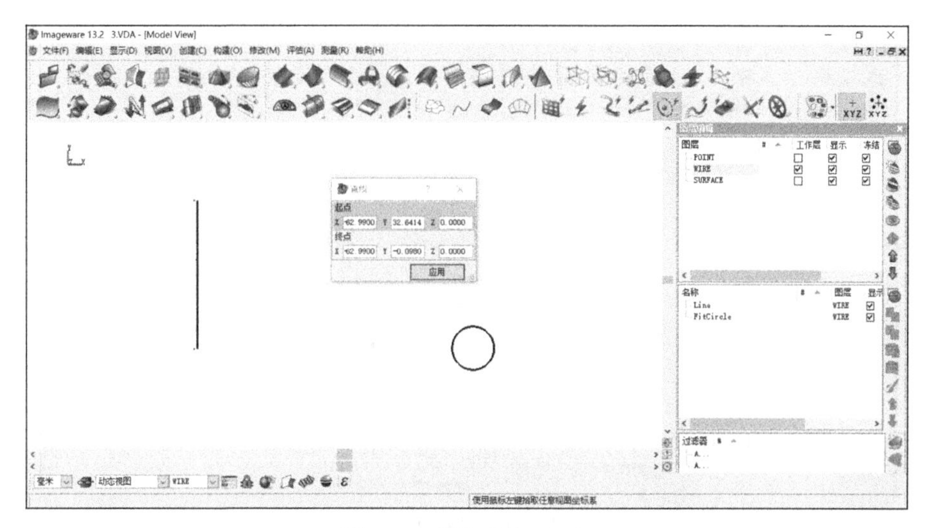

图 3-14　拟合直线（一）

打开 4 号元素，它是右侧面的 3 个点，通过上述同样的方法创建一条 XY 平面上的直线。

同理打开 5 号元素，构建一条 XY 平面上的直线。结果如图 3-15 所示。

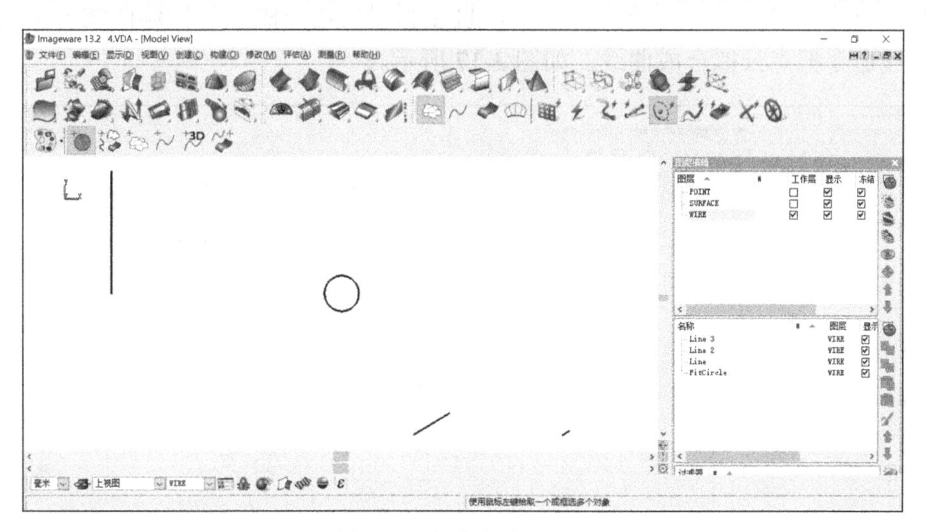

图 3-15　拟合直线（二）

打开 7 号元素，取消群组。通过**构建→由点云构建曲线→拟合圆弧**命令，可以得知这是一个圆弧，如图 3-16 所示，半径为 109.9365mm。修正半径为 109.9mm，圆心位置不变，然后重建一个圆弧。

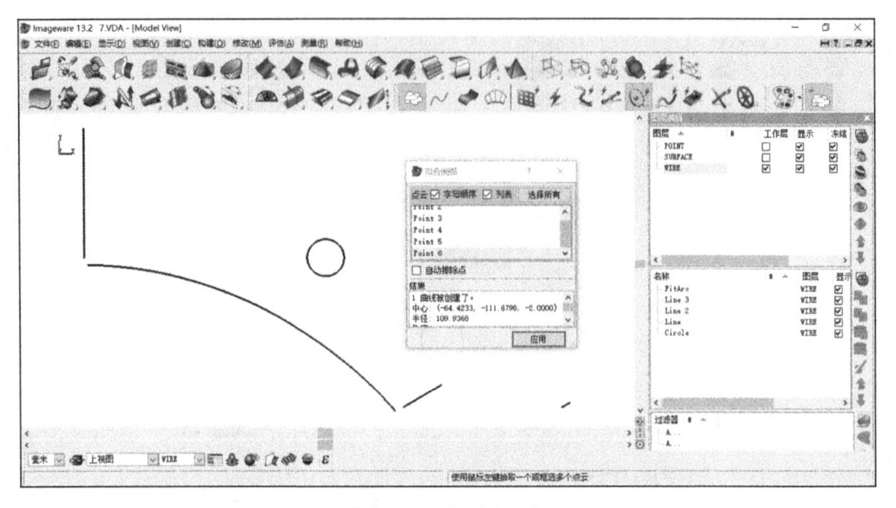

图 3-16 拟合圆弧

打开 8 号元素，由于 8 号元素是由两段直线和一段圆弧构成的，先要将点云根据曲率的变化拆分成 3 部分，拆分点云的步骤通过**修改→抽取→圈选点**命令来操作。接着根据上述同样的步骤分别将三段点云拟合成一段圆弧和两段直线，也可以不用将点云分段，直接利用**构建→由点云构建曲线→拟合曲线**命令把点云拟合成曲线，如图 3-17 所示。

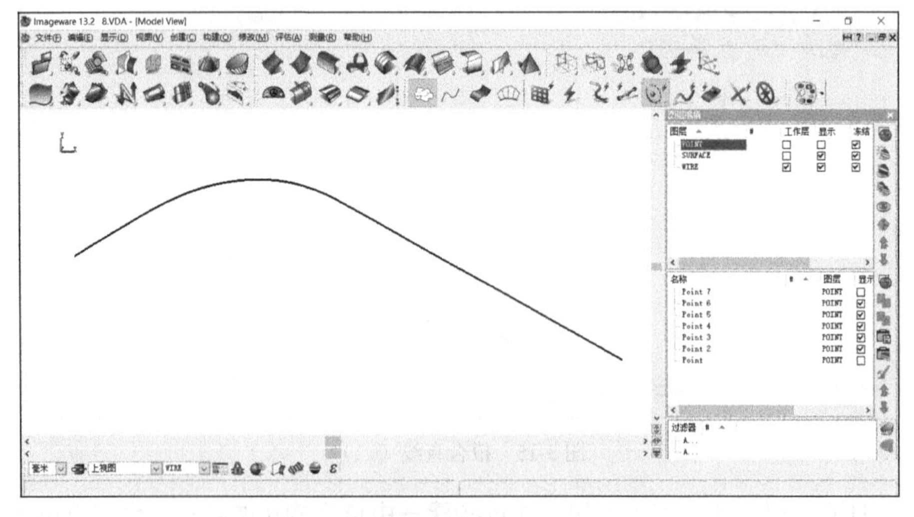

图 3-17 拟合曲线（一）

打开9号元素，操作步骤同7号元素一样。拟合的结果如图3-18所示。

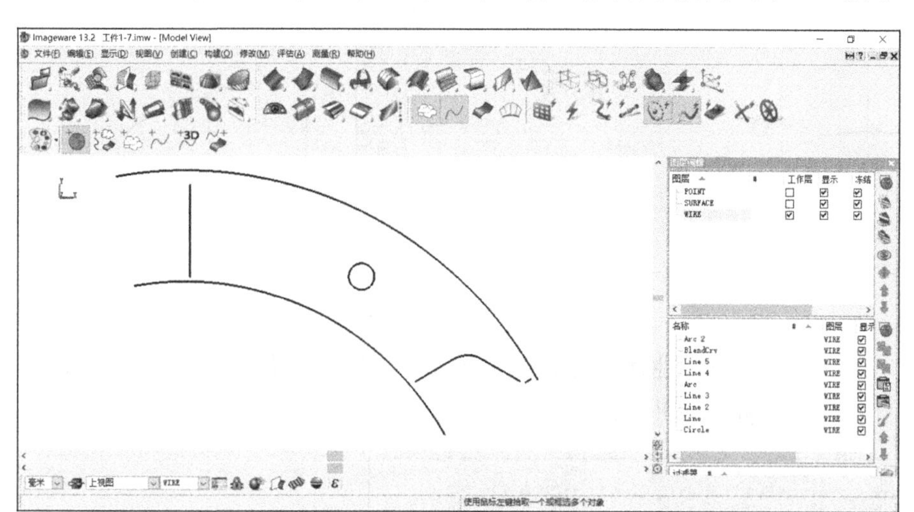

图3-18 拟合曲线（二）

接着将各线段需要延伸的部分通过**修改→延伸**命令进行延伸，如图3-19所示。

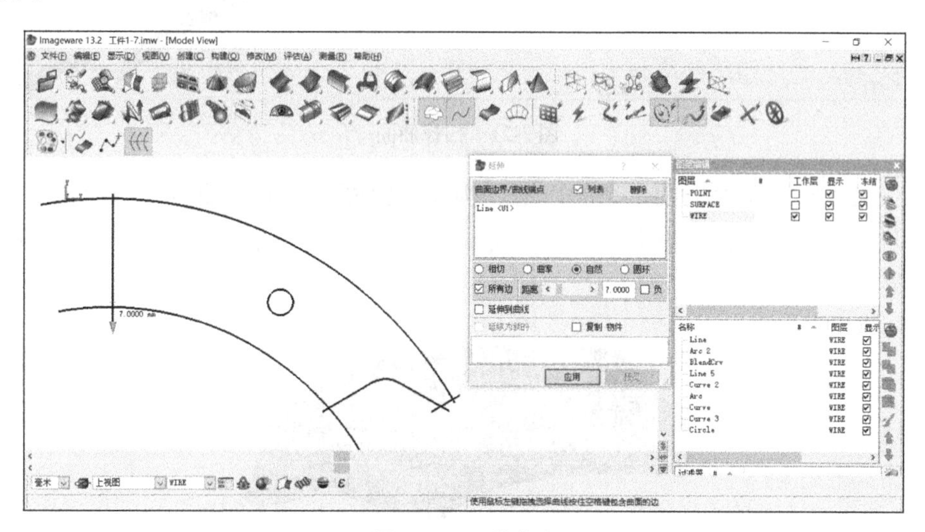

图3-19 延伸曲线

然后通过**修改→截断→截断曲线**命令修剪多余的线段，对话框选中**视图**和**框选**命令，最后修剪的结果如图3-20所示。如果延伸后的8号圆弧无法产生相交，可以通过**构建→桥接→曲线**的命令，重新产生一个圆弧。

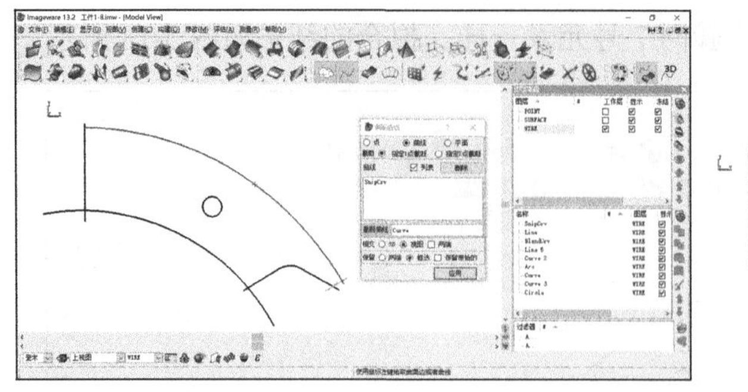
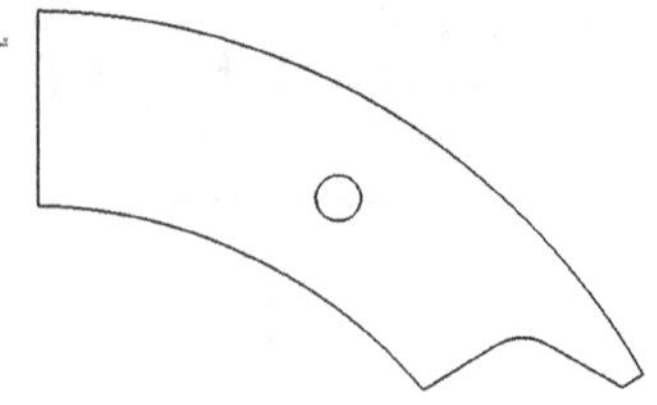

图 3-20 修剪曲线

通过**构建→扫掠曲面→沿方向拉伸**命令，图层选择 SURFACE 层，将所有曲线沿 *Z* 轴负向拉伸 10mm。结果如图 3-21 所示。

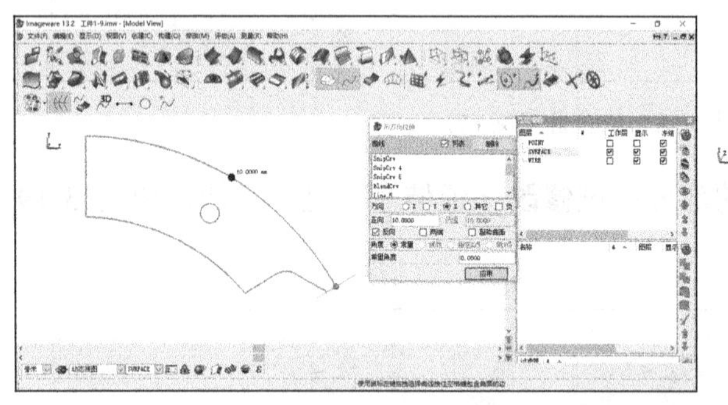

图 3-21 扫掠曲面

现在要构建上下两个平面，通过**构建→曲面→边界平面**命令来构建上下平面。选择上平面上的所有边界曲线，不包括圆，下平面用同样的方法构建，结果如图 3-22 所示。

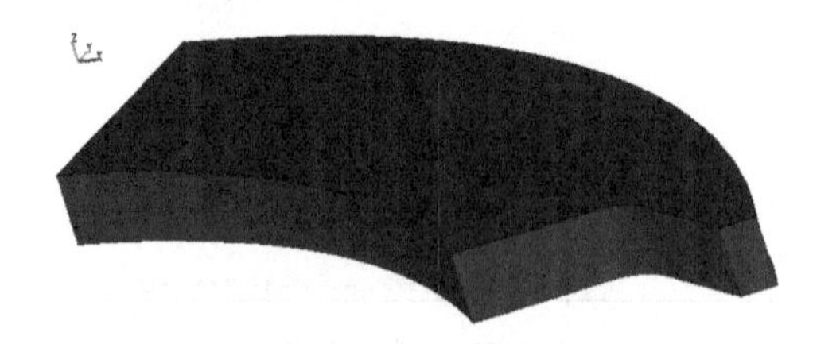

图 3-22 构建平面

现在需要修剪上下平面上的两个圆孔，通过**修改→修剪→使用曲线修剪**命令，选择**内部修剪**，最后修剪的结果如图 3-23 所示。至此板件的构造完成。

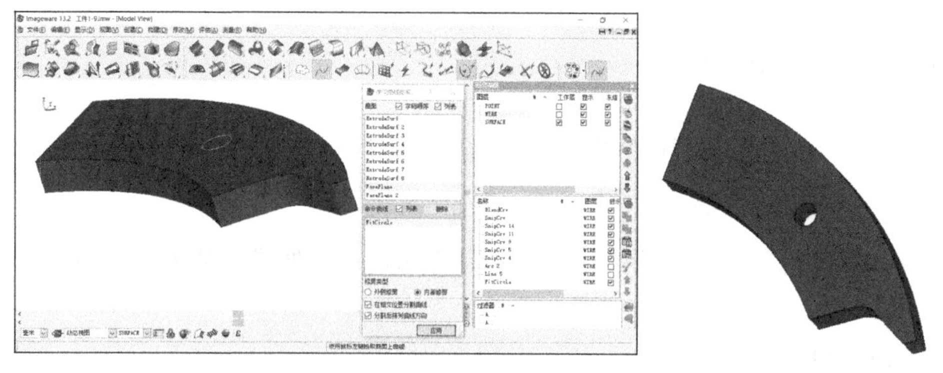

图 3-23　修剪后的板件

3.3　多曲面规则零件逆向建模

对于相对规则的零件，要求精度比较高，后续需要进行数控加工的零件，用扫描点云建模就不是很合适。大批量扫描数据处理起来比较烦琐，用三坐标测量机测量出需要的数据点云，处理数据简单又快捷，有利于后续建模。如图 3-24 所示的连接器，要求精确构造出零件的形状，选用三坐标测量机对零件进行测量，然后用 Imageware 软件进行建模就相对简单而且能够保证零件测量的精度。

图 3-24　连接器

下面分别对连接器的测量和建模进行详细介绍。

3.3.1 连接器的测量

用第2章介绍的德国WENZEL LH65型三坐标测量机对连接器进行测量。

（1）装夹连接器

根据零件的形状分析，用通用夹具虎钳对连接器进行装夹，如图3-24所示。

（2）建立直角坐标系

为了作图和测量的方便，先对连接器建立直角坐标系。首先测量连接器顶部的平面，以这个平面的法向建立 Z 轴，然后测量左边的一条线（参考面选择上表面）确定 Y 轴，最后测量中间的圆孔（参考面选择上表面），用圆心确定原点，这样直角坐标系就确定了。

（3）测量连接器上的元素

测量连接器上的每一个元素，包括线、曲线、圆、孔和孔深、槽深和零件的厚度。测量的参数标号如图3-25所示。

（a）测量连接器上元素的参数标号

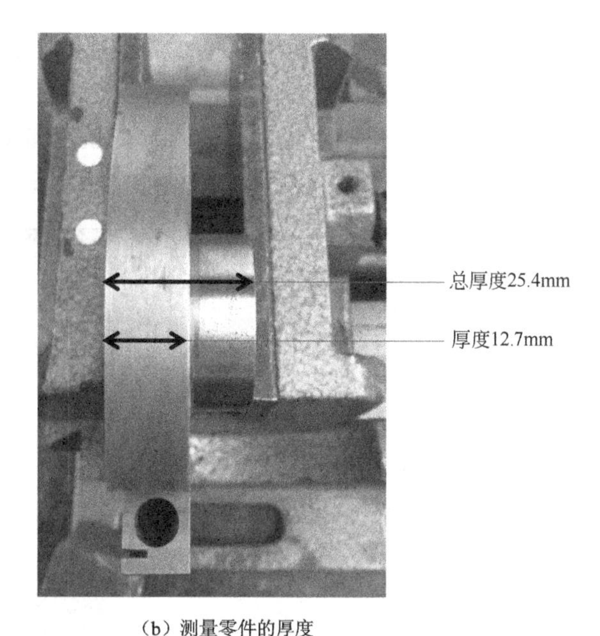

（b）测量零件的厚度

图 3-25　连接器的测量

3.3.2　连接器的建模

（1）下载文件

在电脑上打开微信，关注公众号“基于 Imageware 的逆向工程”，点击下方的“教材数据”，通过浏览器打开下载“逆向工程教材数据”压缩文件包，解压文件。

（2）打开 1～3 号元素

通过 Imageware13.2 软件的文件菜单打开“连接器”文件夹中 1,2,3 号元素。打开图层编辑管理器，对于打开的元素可以看到是一个群组，要编辑这些测量的点云，首先要取消群组。通过编辑→取消群组命令，将打开的元素 1,2,3 都选中，然后按应用按钮。

（3）构造直线和圆

用上述的 2 号元素构建一条直线，通过**构建→由点云构造曲线→拟合直线**命令选择 2 号点云，然后按**应用**按钮。

用 3 号元素构建一个圆，通过**构建→由点云构造曲线→拟合圆**命令选择 3 号点云，然后按**应用**按钮。这时图层 L1 中就多了一个 Fitline 和 Fitcircle，为了好管理，在图层中，新建一个 Wire 层，将 Fitline 和 Fitcircle 移动到 Wire 层，后续所建的曲线都放在 Wire 层中，如图 3-26 所示。

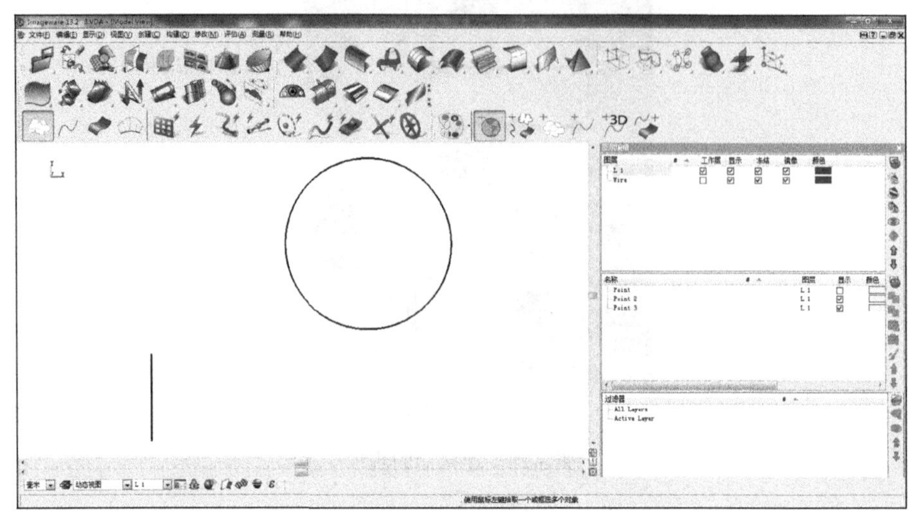

图 3-26　拟合直线和圆

由于测量误差和零件的磨损误差，在构造元素时，需要对所建元素进行修正。通过打开**评估→信息→物件**命令，然后选取元素，可以看到每个元素的详细信息，如图 3-27 和图 3-28 所示。

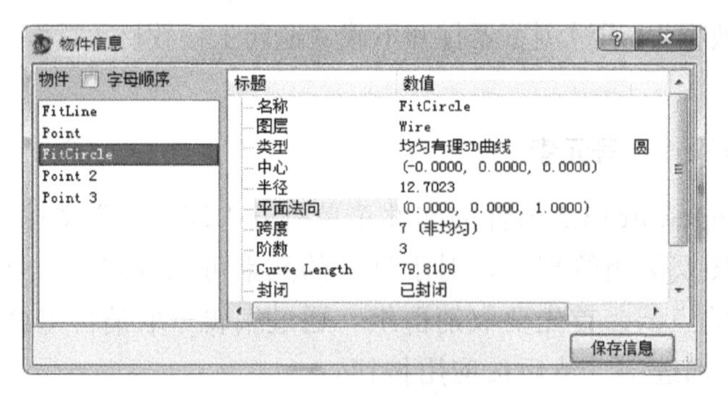

图 3-27　拟合圆信息

通过拟合圆的信息，可以发现圆心是直角坐标系的原点，圆的半径是 12.7023mm。为了使零件尺寸整数化，将重新创建一个圆，通过**创建→简易曲线→圆**命令打开对话框，设置圆的中心在原点，圆的半径设为 12.7mm。

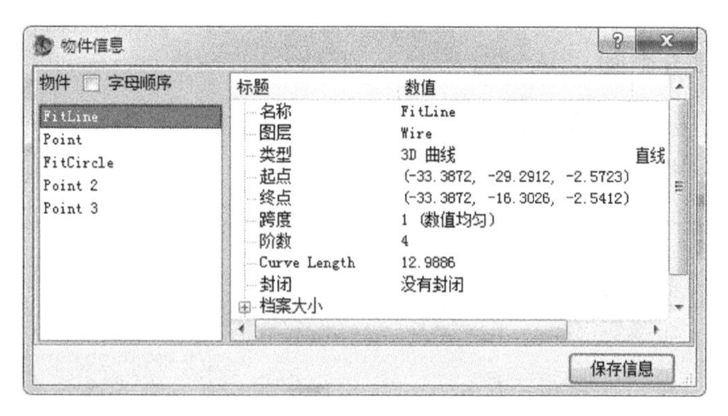

图 3-28　拟合直线信息

通过拟合直线的信息，可以发现直线的起点和终点的 *Z* 坐标不在一个高度。为了使构建的曲线都在零平面上，重新创建一条直线，通过**创建→简易曲线→直线**命令打开对话框，打开交互面板的曲线捕捉和曲线端点按钮进行选取 Fitline 的两个端点，然后将 *Z* 坐标都设置为 0，按应用按钮。将文件另存为**连接器-1.imw**。

（4）构建其他直线

根据上述步骤，打开 4～15 号点云文件。首先通过**编辑→取消群组**命令对 4～15 号的直线点云取消群组，然后进行构建，将直线都建立在零平面上。由于测量过程中有误差，在创建零平面的直线时，可以通过坐标适当对直线进行修改，使创建的直线合理。创建结果如图 3-29 所示。将文件另存为**连接器-2.imw**。

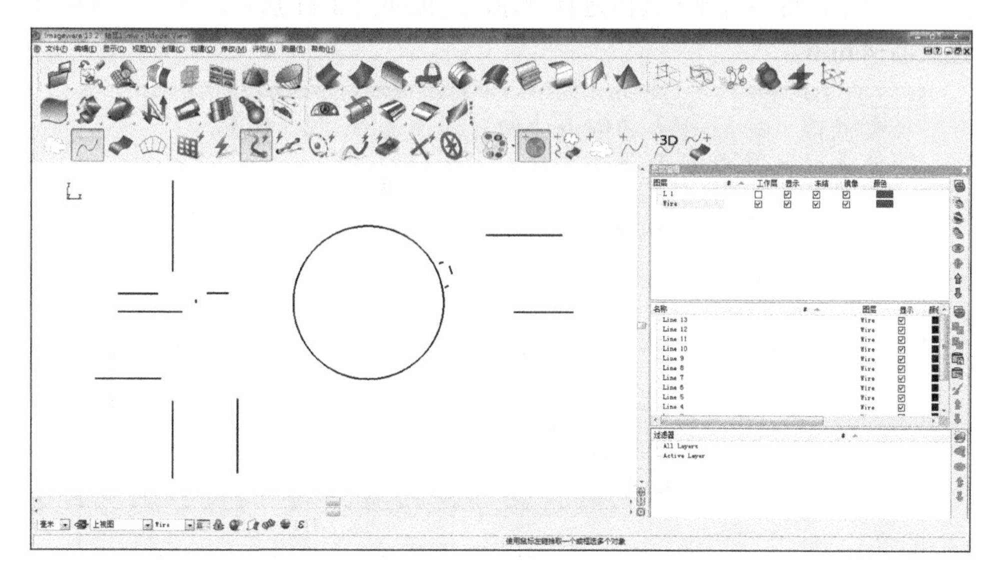

图 3-29　创建直线

(5)创建 5 个圆

利用三坐标测量机测量出的 5 个圆的信息创建 5 个圆，通过**创建→简易曲线→圆**命令进行创建，结果如图 3-30 所示。将文件另存为**连接器-3.imw**。

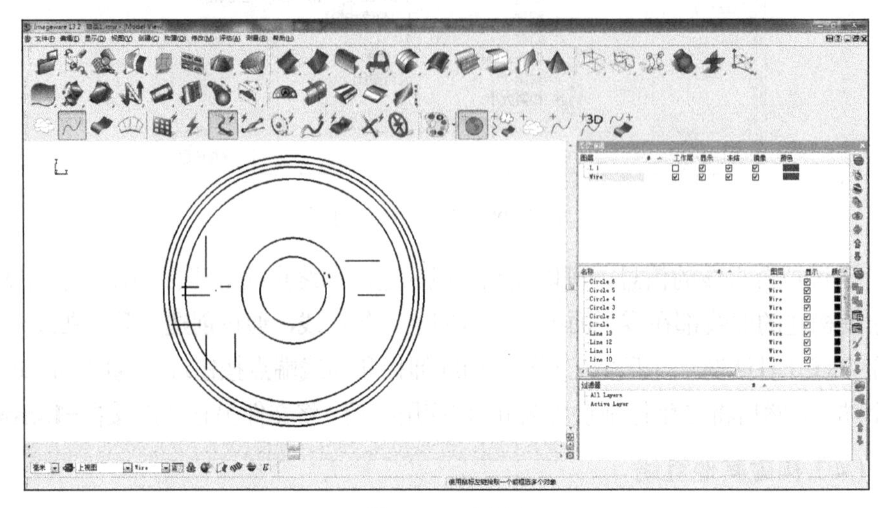

图 3-30 创建圆

(6)修剪直线和圆

通过**修改→延伸**命令，对所有直线进行延伸，然后通过**修改→截断→截断曲线**命令，将不需要的线段进行删除，结果如图 3-31 所示。将文件另存为**连接器-4.imw**。

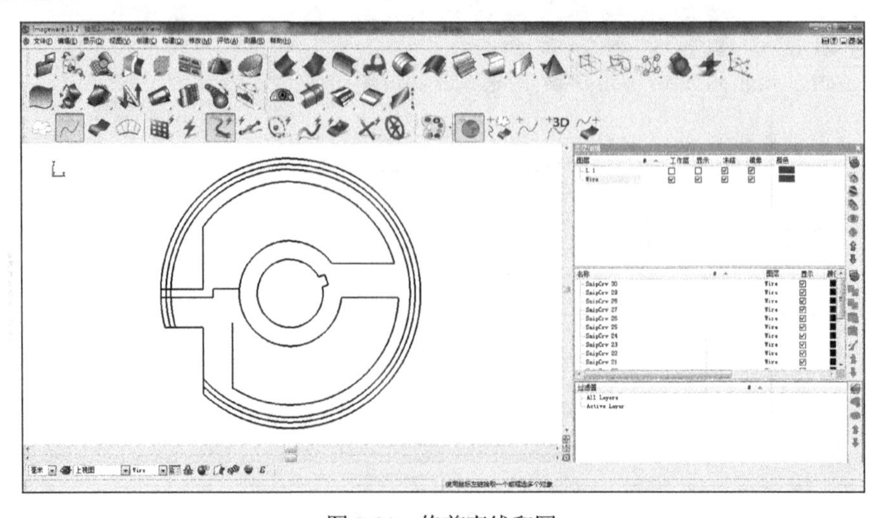

图 3-31 修剪直线和圆

（7）构建圆弧

首先通过**编辑→取消群组**命令对 16～20 号的曲线点云取消群组，然后进行构造。先对测绘的点云进行拆分选取，选取有用的点云来拟合圆弧。通过**构建→由点云构建曲线→拟合圆弧**命令，将 16～20 号选取的点云进行拟合圆弧。根据观察和初步拟合，可以确定 16～20 都可以很好地用一个圆弧来进行拟合，根据**评估→信息→物件**命令，可以得知每一个被拟合的圆弧的半径和坐标信息。通过查看可知，由于测量时是在基准面 1 号面下方 2mm 的位置进行的，所以圆弧的 *Z* 坐标都是-2mm。现在通过**修改→位移→移动**命令将构造的 5 个圆弧移动到零平面上。结果如图 3-32 所示。将文件另存为**连接器-5.imw**。

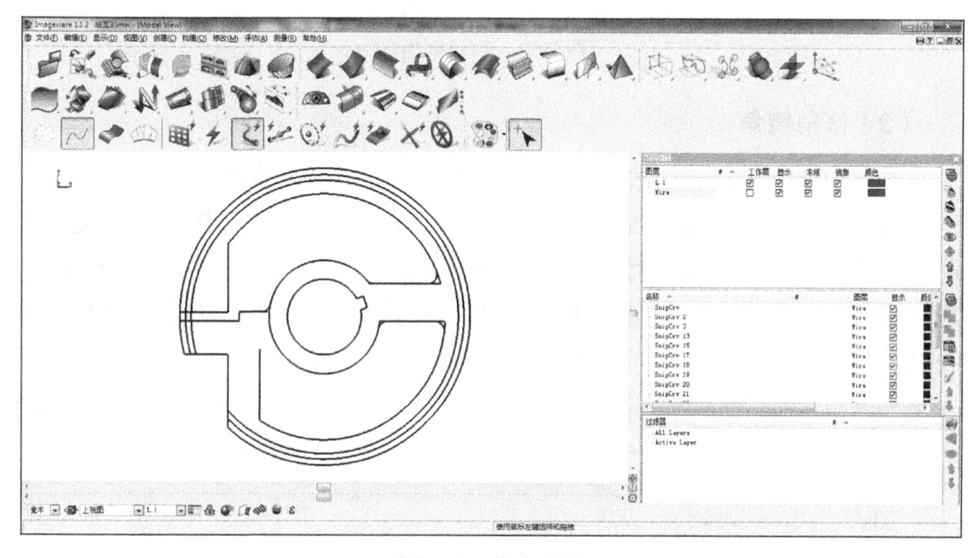

图 3-32　拟合圆弧

（8）创建倒角

如果仅仅通过**修改→截断→截断曲线**命令将不需要的线段进行删除，通过**评估→连续性→曲线间**命令就会发现截断的两条曲线是不连续的。为了使圆弧和直线、圆弧和圆弧之间的修剪是连续的，我们需要用倒角的命令来完成。通过**构建→倒角→曲线**命令，选取半径选项，然后分别点选和圆弧相切的直线和曲线，通过评估信息的命令可知，圆弧的半径是 3.19mm，输入圆弧半径，可以得到如图 3-33 所示的相切圆弧。

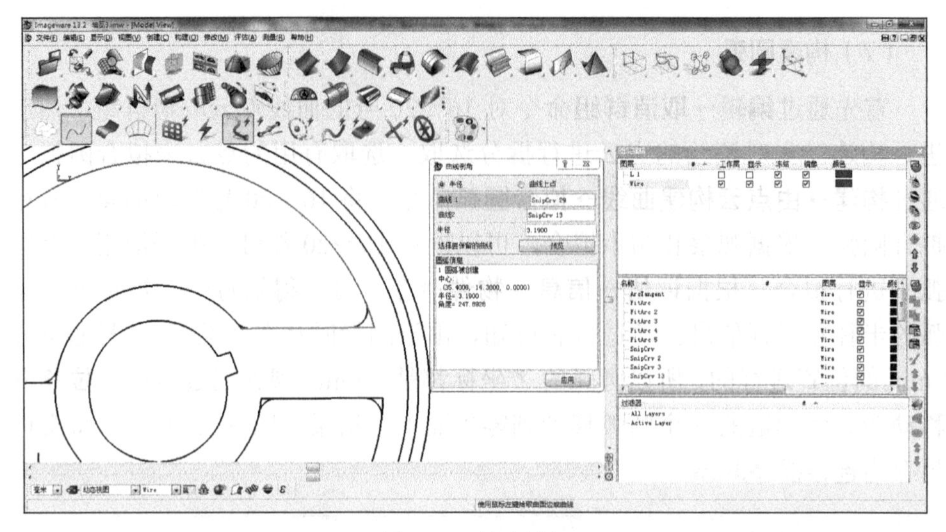

图 3-33 创建倒角

（9）修剪倒角

通过**构建→相交→曲线**命令，使构建的圆弧和相切的曲线产生交点。通过**修改→截断→截断曲线**命令，在对话框中选择点，并选择指定 1 点截断，选择要截断的曲线，在交互板上打开曲线捕捉和曲线端点的按钮，这样方便选取要截断的相交点。通过**评估→连续性→曲线间**命令，可以发现圆弧和直线以及圆在位置和相切上都是连续的。结果如图 3-34 所示。

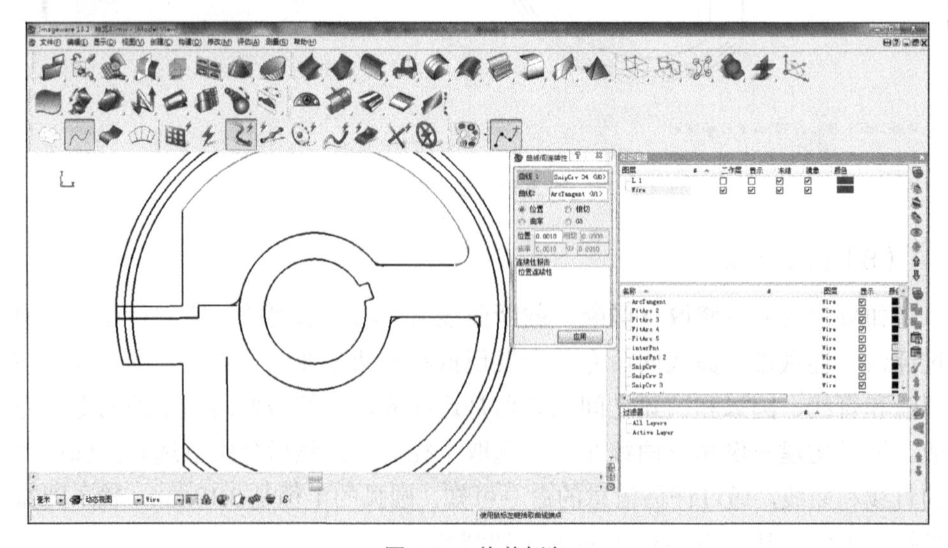

图 3-34 修剪倒角

（10）修剪其他倒角

按照上述步骤构建其他 4 个倒角，创建一个 L2 层，将不需要的交点都移到 L2 层，结果如图 3-35 所示。将文件另存为**连接器-6.imw**。

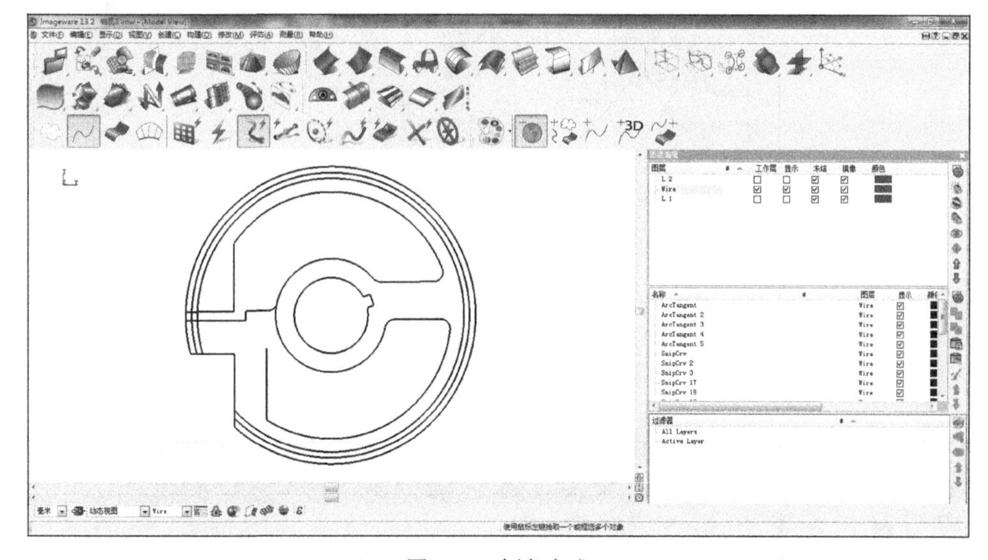

图 3-35　倒角完成

（11）构建曲线

由于 21 号曲线是不规则曲线，不能用由点云简单地拟合圆弧的方法去创建。首先取消群组，然后选择**评估→曲率→点云曲率**命令，发现曲率变化比较大。根据点云的大致分布，先将点云拆分成三部分，拆分过程中保留原始点云，然后分别对三部分点云通过**构建→由点云构建曲线→均匀曲线**命令拟合成曲线，再通过**评估→曲率→曲线曲率**命令，可见如图 3-36 所示的曲率分布。

现在利用**创建→3D 曲线→3D B 样条**命令来利用交互面板按照顺序依次选取 21 号点云，选择阶数为 5，按应用。接着将这条曲线沿 *Z* 轴方向移动 2mm，移动到零平面上。对创建后曲线的两端分别延伸，然后通过**构建→相交→曲线**的命令找到曲线与直线和圆的交点，调整曲线控制点，与直线采用位置连续，与圆弧采用相切的约束进行调整曲线的端点。再通过**修改→截断→截断曲线**命令修剪掉不需要的曲线，结果如图 3-37 所示。将文件另存为**连接器-7.imw**。

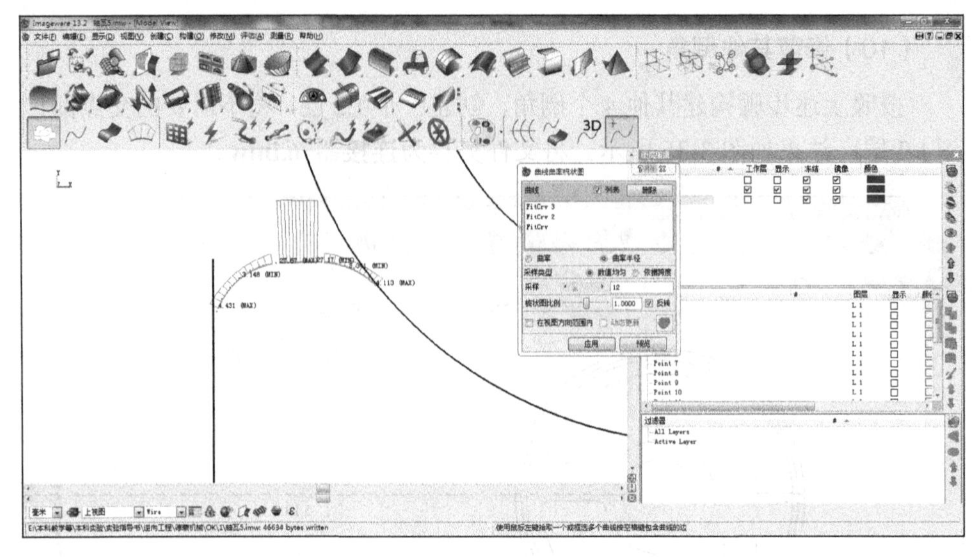

图 3-36 曲率分布

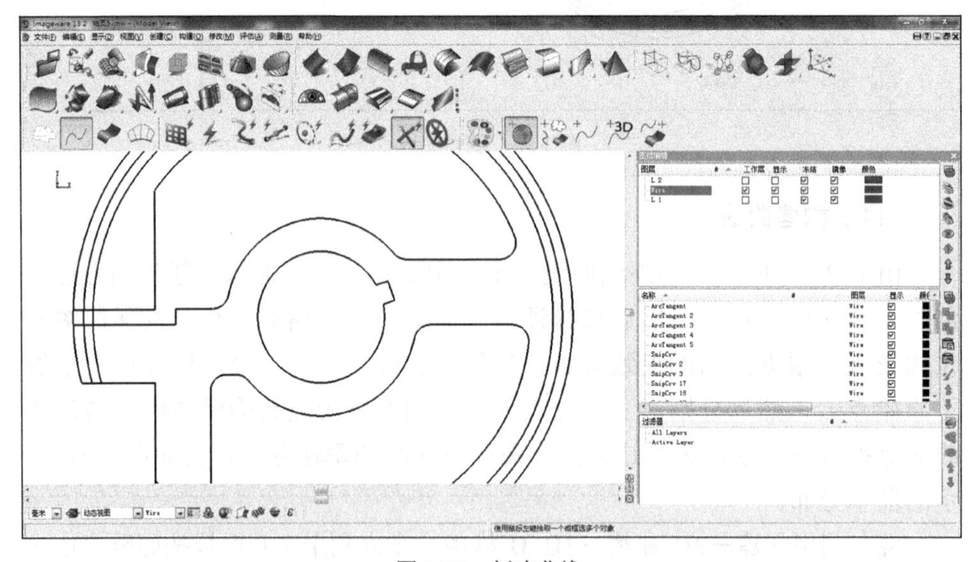

图 3-37 创建曲线

(12) 准备构建平面的直线

在槽的几个切断面上需要构建边界平面，首先将上表面的直线复制到下表面，通过**修改→位移→移动**命令，选中复制框，距离选择负向 12.7mm，如图 3-38 所示。

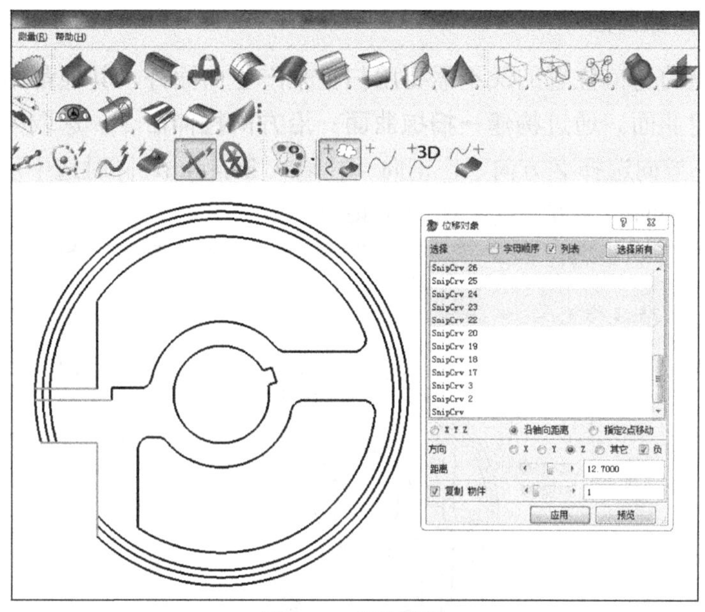

图 3-38　复制直线

(13) 修剪曲线

根据零件的轮廓，对零件的缺口进行修剪，并将缺口的直线下移 4.8mm，为后续扫掠曲面和构建平面做准备，最终的结果如图 3-39 所示。将文件另存为**连接器-8.imw**。

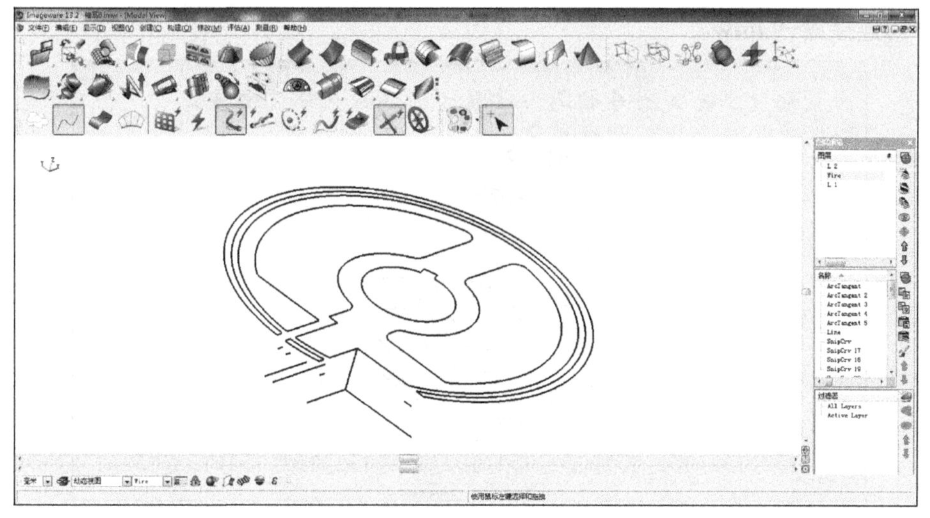

图 3-39　完成的曲线

（14）扫掠曲面

除了槽的切口位置的线不需要用扫掠来产生曲面外，其他都用曲面扫掠的方式构建曲面。通过**构建→扫掠曲面→沿方向拉伸**命令，选取内圆键槽部位的曲线，方向选择 *Z* 方向，在正向一栏输入 25.4mm，同时选中反向，让扫掠曲面在顶平面的下方。结果如图 3-40 所示。

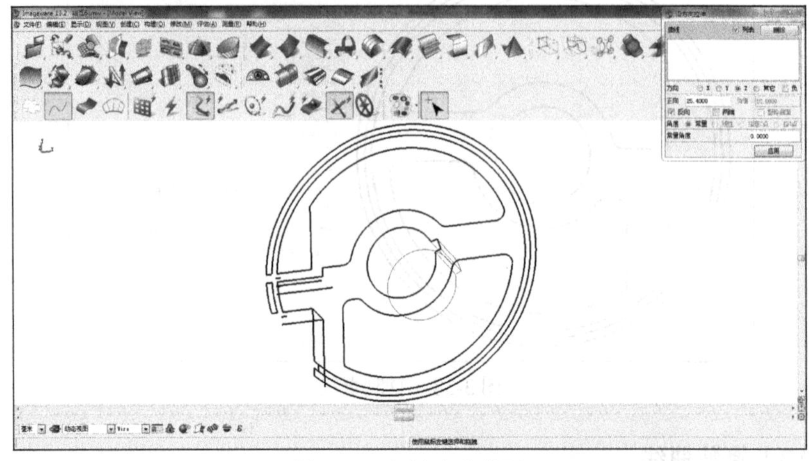

图 3-40 扫掠内孔曲面

接着按照上述方式扫掠其他曲面。由于下面凸台的外表面是从零件的中间延伸下去的，所以要在-12.7mm 的深度方向创建一个圆，然后通过这个圆进行扫掠形成下面凸台的外表面，最后的扫掠结果如图 3-41 所示。将文件另存为**连接器-9.imw**。

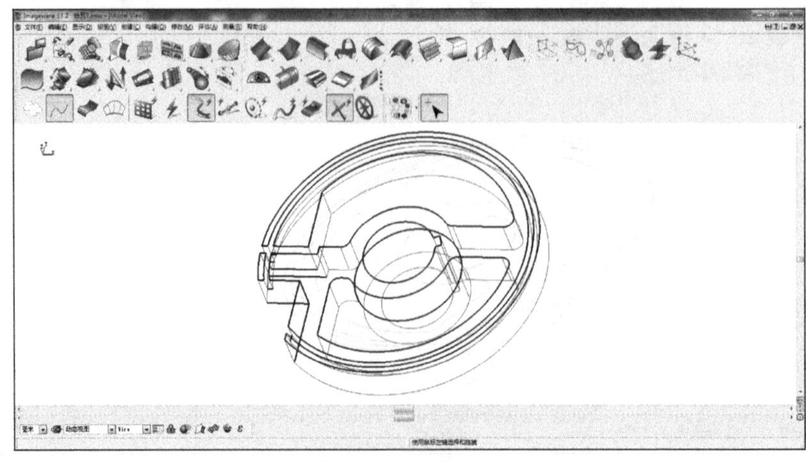

图 3-41 扫掠完成

（15）构建边界平面

现在构建槽的底平面和槽的切平面，这里采用构建边界平面的方式来产生。通过**构建→曲面→边界平面**命令，选取要构建平面的边界，然后按应用按钮完成构建，如图 3-42 所示。

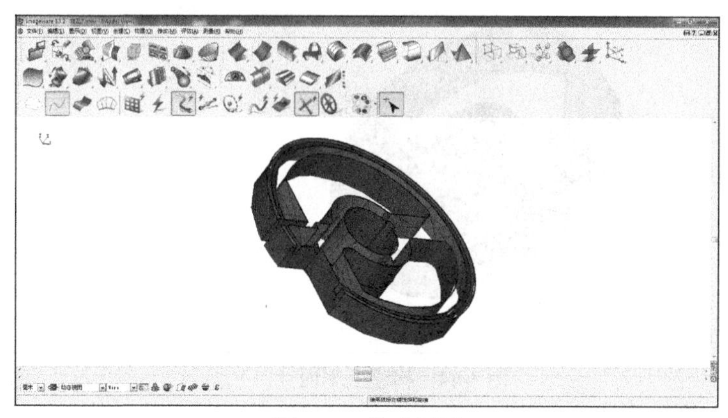

图 3-42　构建平面

（16）构建上平面

在构建上平面之前，新建一个 surface 层，将 wire 层的曲面和平面都移动到 surface 层中。构建上平面使用边界平面的方式来构建，然后对于中间孔的部分采用剪切的方式来完成。槽以外的平面单独用边界平面来构建。

通过**构建→曲面→边界平面**命令，选取要构建平面的边界，然后按应用按钮完成构建。槽显示的是下底面，如图 3-43 所示。

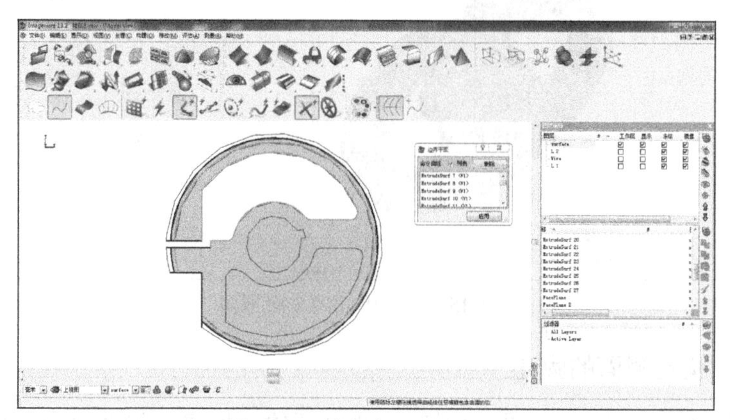

图 3-43　构建上平面（一）

按照上述步骤构建槽外的平面，再通过**修改→修剪→使用曲线修剪**命令将不需要的部分剪切掉，结果如图 3-44 所示。

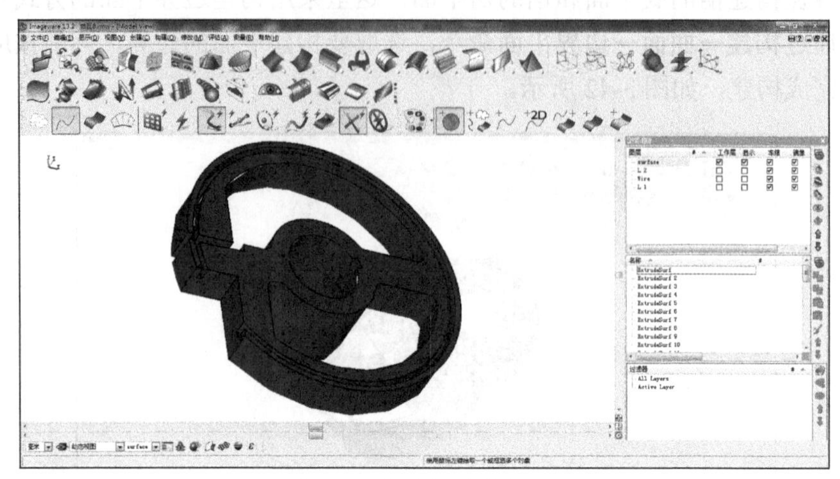

图 3-44 构建上平面（二）

（17）构建中间两个底平面

根据上述同样的方法来构建两个底平面，结果如图 3-45 所示。将文件另存为**连接器-10.imw**。

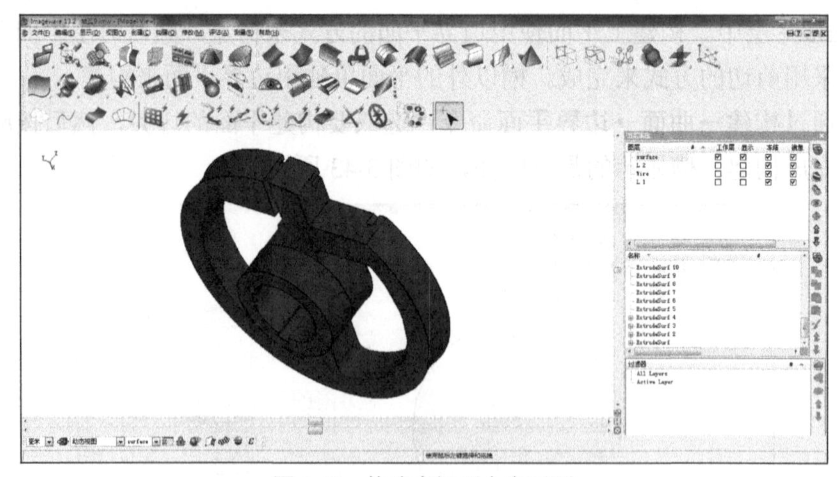

图 3-45 构建中间两个底平面

（18）构建侧面的圆孔

打开 22 号圆的点云，取消群组。通过**评估→信息→物件**命令可以得到圆

所在平面的 Y 坐标是-12.6256mm，然后打开交互面板的点云捕捉按钮，通过**创建→简易曲线→圆（3 点）**命令，用鼠标去点选 22 号的三个点云，可以看到三个点的 Y 坐标有小小差异，把它们的 Y 坐标值都改为-12.6256mm，然后按应用按钮，得到一个圆。如图 3-46 所示。

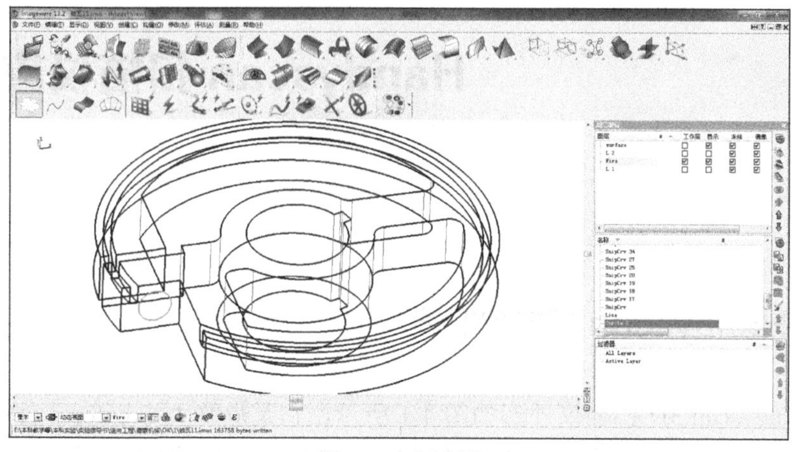

图 3-46　创建圆

（19）构建侧面的圆孔曲面

将圆孔沿 Y 轴方向复制到切口的下一个面上，然后通过**构建→扫掠曲面→沿方向拉伸**命令构建两段圆孔曲面，然后分别对几个切面多余的圆孔面部分进行剪切，底孔面构建一个边界平面，最终完成的连接器零件如图 3-47 所示。将文件另存为**连接器-11.imw**。

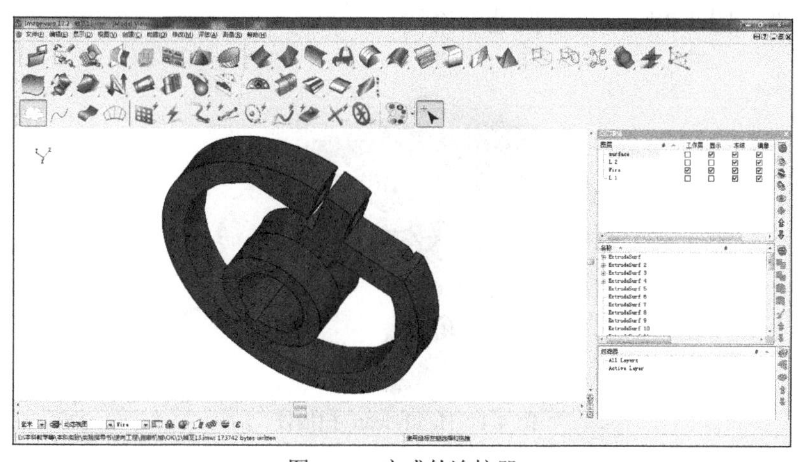

图 3-47　完成的连接器

第4章

Handyscan 扫描仪应用

4.1 Handyscan 扫描仪概述

Handyscan 3D 扫描仪外形如图 4-1 所示，它是加拿大 Creaform 公司生产的光学非接触式测量设备。可以测量激光能够扫得到的物体表面的三维轮廓数据。它的基本原理是采用激光作为光源，照射到被测物体上，利用 CCD 接受漫反射光而形成成像点。根据光源、物体表面反射点和成像点之间的三角关系，计算出表面反射点的三维坐标，从而得到基于所扫描部分的三维曲线的阵列，然后由面生成模型以输出处理。它主要的特点是速度快且不与被测工件表面接触，可以实现更容易、更快的数据采集；界面易于使用，不要求使用者有激光扫描的专业知识。它主要应用在测量大尺寸且具有复杂外部曲面的工件。图 4-2 所示为数据处理流程。

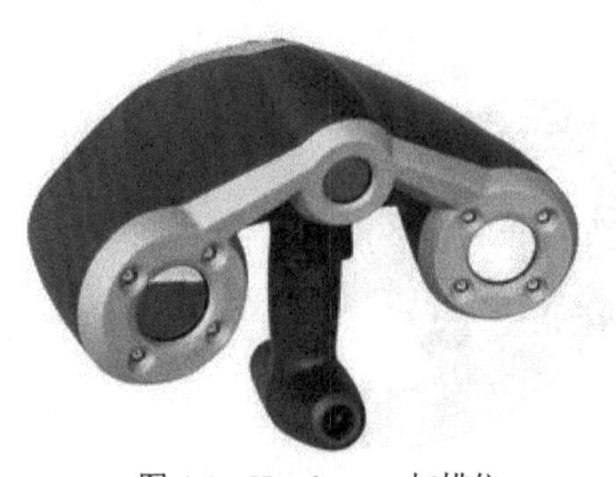

图 4-1　Handyscan 扫描仪

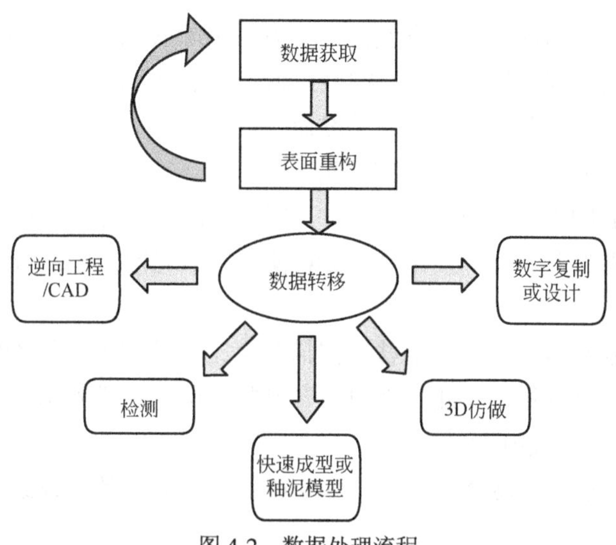

图 4-2　数据处理流程

4.2　应用 Handyscan 扫描仪操作流程

① 在被扫描物体上贴目标定位点。

目标定位点贴在平面或比较平缓的曲面，尽量不要贴在物体形状变化剧烈的地方；尽量避免贴在物体边缘或者孔的边缘，离边缘 10mm 以上最好。如图 4-3 所示。

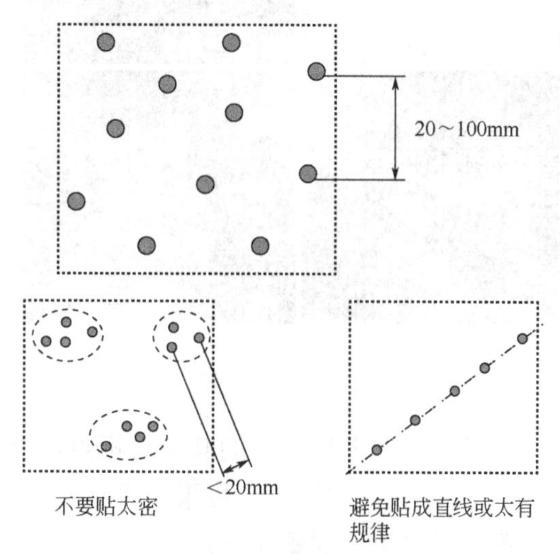

图 4-3　贴目标定位点

② 将被扫描物体垫起，方便扫描结束后去除底面不需要的点云数据。

③ 扫描仪校准（扫描仪经过颠簸后或扫描表面坑坑洼洼、不够平整时需进行校准）。选择**配置→扫描仪→校准**命令。

a．按获取按钮/Acquire 激活传感器。

b．将校准板放于一个稳定的平面，并将扫描头置于距校准板大约 10cm 处。

c．用扫描头上的预览按钮/Preview 使十字激光对准校准板上的白色十字带状区域。

d．按下触发器，并缓慢地移动扫描头至距离校准板大约 60cm 处或直到完成 10 个目标点测量，在此过程中，一定要确保十字激光始终居于校准板上的白色十字带状区域内。

e．按照显示于传感器诊断区域/Sensor Diagnostic 的建议继续操作，如图 4-4 所示。

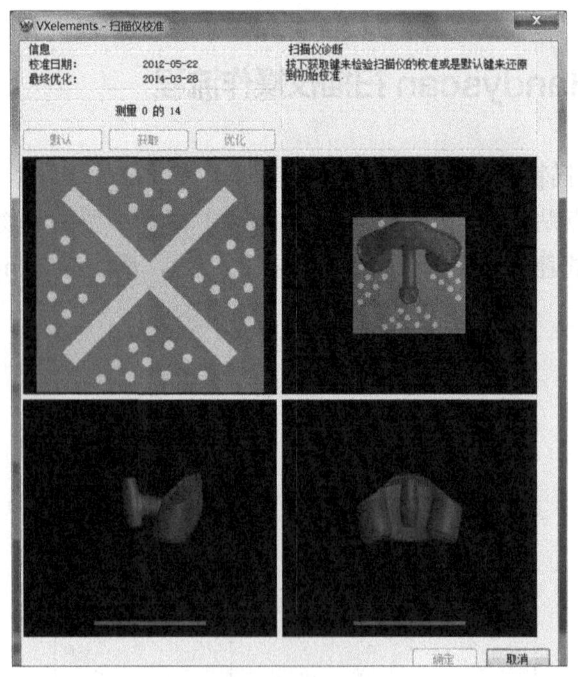

图 4-4　扫描仪校准

在校准过程中，务必清除校准板周围的其他目标点，以防影响到校准。

④ 扫描仪激光功率和曝光时间调整。可采用“自动调整”或根据使用经验手动调整。选择**配置→扫描仪→配置**命令。

可以自动调整，或者手动拖动滑动块调整。

自动调整：点击“自动调整”按钮，所有命令选项都变为灰色，将扫描仪对准扫描物体进行扫描，直到界面上的命令选项变为黑色可用时停止扫描，点击“应用”，确定。

手动调整：鼠标拖动“激光功率”或“快门”调整滑块，调整好后点击“应用”，确定。一般扫描深色物体时，激光功率及快门时间都需要调大，但跟物体材质和表面光泽也有关系。如图 4-5 所示。

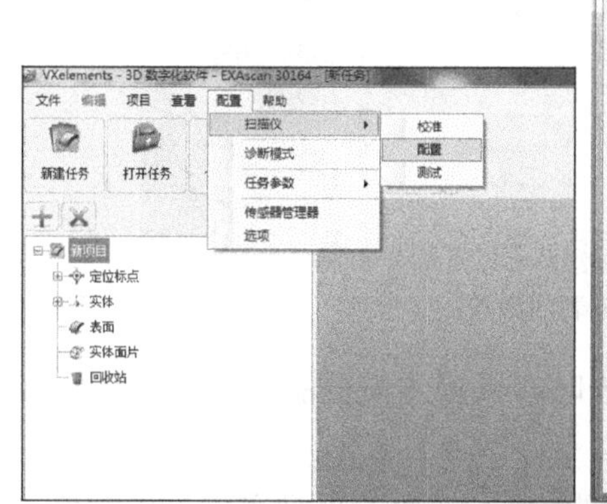

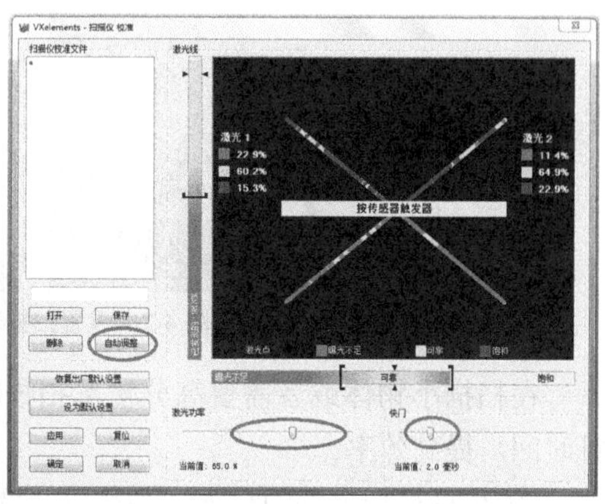

图 4-5　扫描仪配置

⑤ 选择定位点类型，之后点击“应用”。

根据使用的定位点的类型，选择普通点或者带黑色周圈点。如图 4-6 所示。

图 4-6　设置扫描定位点

⑥ 根据物体细节特征选择扫描分辨率，之后点击“应用”。如图 4-7 所示。

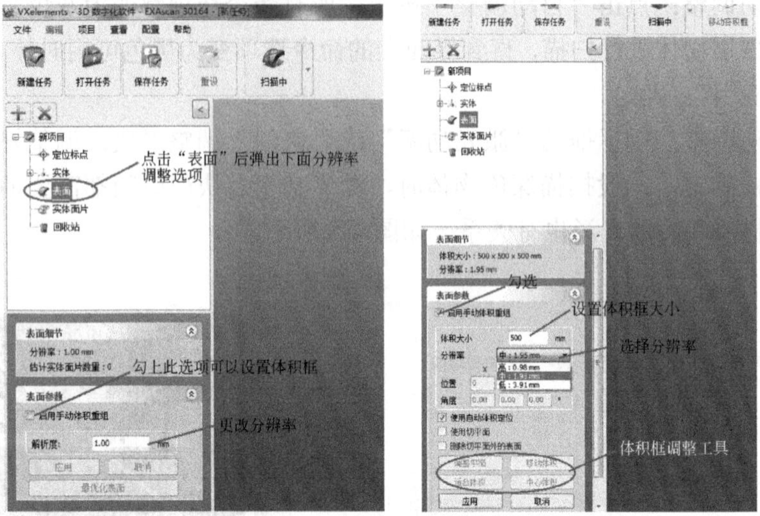

图 4-7　设置扫描表面参数

在扫描小物体或者需要高分辨率扫描时，设置体积框能大大缩短软件计算时间，提高效率。

⑦ 根据被扫描件的特征（小孔等）调整补洞，删除孤立岛等工具条的值，之后点击“应用”。设置实体面片，如图 4-8 所示。

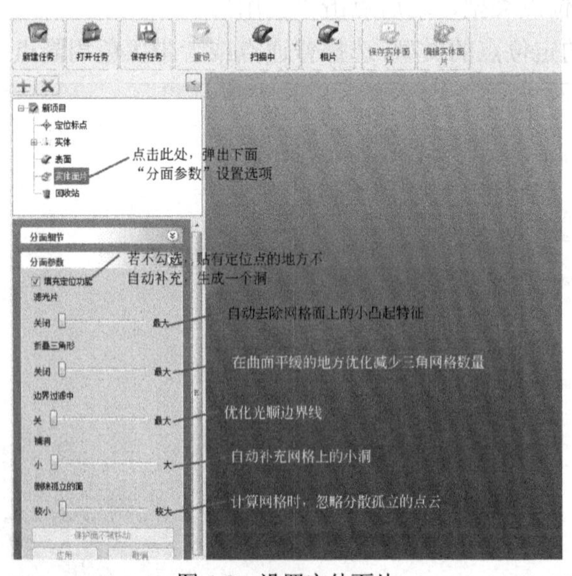

图 4-8　设置实体面片

⑧ 扫描定位特征，选择扫描模式为“定位标点”，点击“扫描中”开始。如图 4-9 所示。

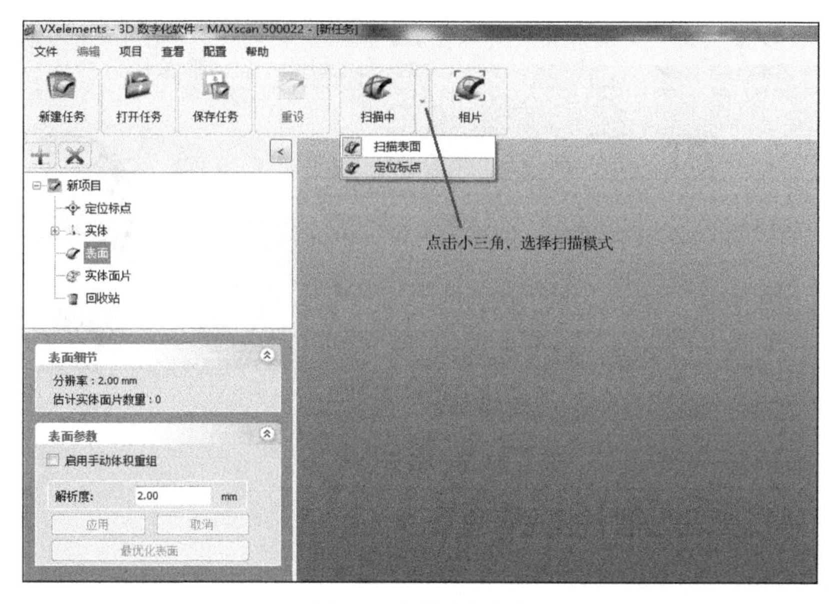

图 4-9　扫描定位标点

扫描从中间向四边扫，可以分散累积误差，避免局部误差过大。

⑨ 优化定位特征并保存，如图 4-10 所示。

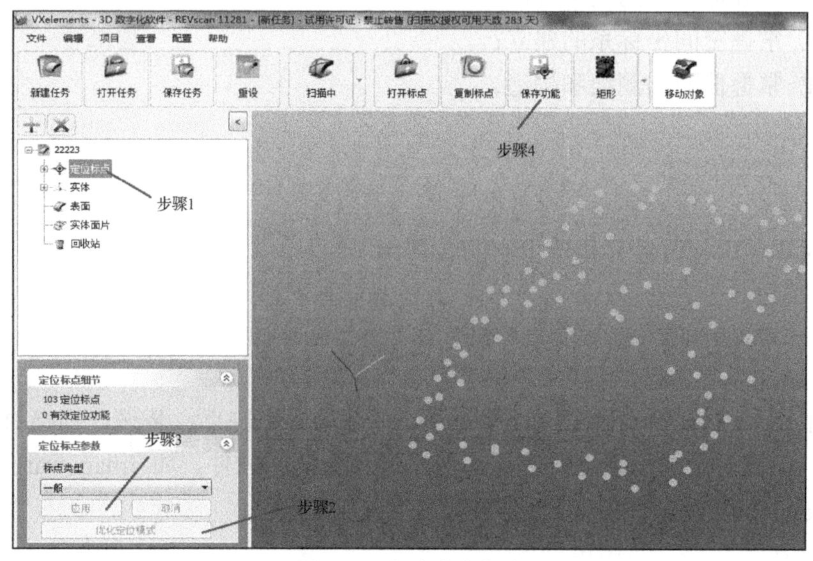

图 4-10　保存定位标点

⑩ 扫描面，扫描模式选为扫描表面，扫描完成后保存数据，数据格式为*.stl。如图 4-11 所示。

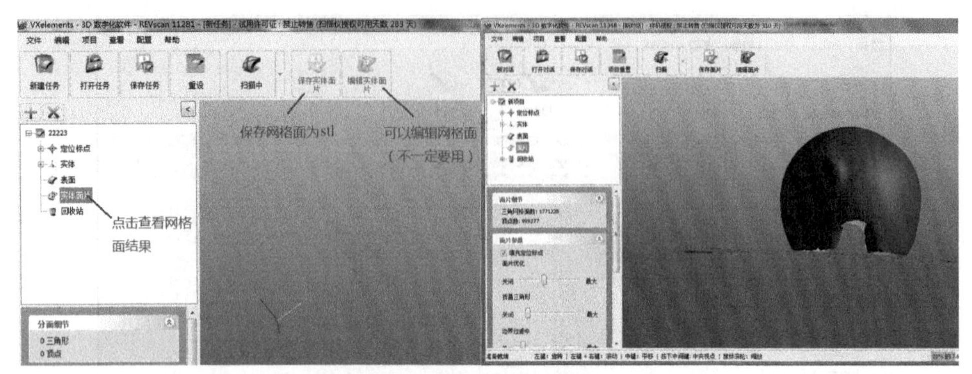

图 4-11 扫描表面

4.3 不规则曲面零件测绘实验

4.3.1 实验目的

① 初步掌握 Handyscan 扫描仪的基本使用方法；
② 掌握标记点的使用方法；
③ 掌握空间坐标系的建立；
④ 掌握曲面的测绘和构造。

4.3.2 实验内容

对零件进行测绘并构造出它的实体。

4.3.3 实验步骤

根据上述操作流程对给定的零件按照贴目标定位点、装夹、扫描目标定位点、扫描表面的步骤逐一进行，然后选用合适的软件，如 Imageware 或者 Geomagic Studio 软件进行数据处理，生成三维图形。

4.3.4　实验报告

① 根据操作步骤写出操作过程；

② 记录测试结果；

③ 测绘图形文件的数据格式是*.stl，用 Imageware 或者 Geomaigic Studio 等软件对测绘的数据进行构造，得出所测工件的实体图形。

第5章

基于Imageware激光扫描数据的鞋楦逆向建模实例

大多数激光扫描出来的数据都不会是简单和单一曲面的模型。鞋楦的练习将创建一个更加复杂的模型。通过这个复杂模型的多重构建，将会更加全面地掌握Imageware13.2版本软件的应用。

大多扫描系统得到的数据点云都会有很多杂点需要处理，处理成平滑的数据有利于后续的建模。这个start扫描数据是从光学扫描系统得到的，这些数据点密集且平滑，扫描的结果将依赖于模型周围的环境、模型材质和被扫描的颜色。对现在使用的模型来说，点云数据是已被清理干净很平滑的。

5.1 减少数据点和多边形网络化

当我们需要对这种类型的点云进行处理时，比较好的方法就是减少数据点以使在两个点之间距离保持为相同。这可以使后续工作的处理更加容易，例如多边形网格化。

第 1 步　在电脑上打开微信，关注公众号“基于Imageware的逆向工程”，点击下方的“教材数据”，通过浏览器打开下载“逆向工程教材数据”压缩文件包，解压文件。在Imageware13.2软件中打开文件Start.imw，它的数据模型如图5-1所示。

第 2 步　使用命令**修改→数据简化→距离采样**来减少数据上的点，使点云间的距离尽可能相等。同时也可减少点云上的重叠点数据。

第 3 步　将距离公差设为 0.15mm，把点云间距近于 0.15mm 的点数据移除。

第 4 步　这样点云的数据已大概减少到了 75%，但它还是有足够的数据来生成模型。

第 5 步　将文件另存为 **Original_Reduced.imw**，现在的模型如图 5-2 所示。

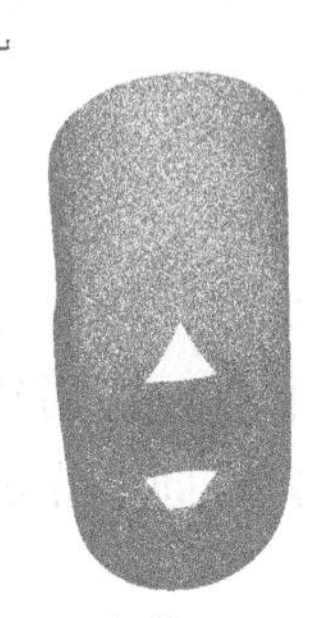

图 5-1　文件 Start.imw

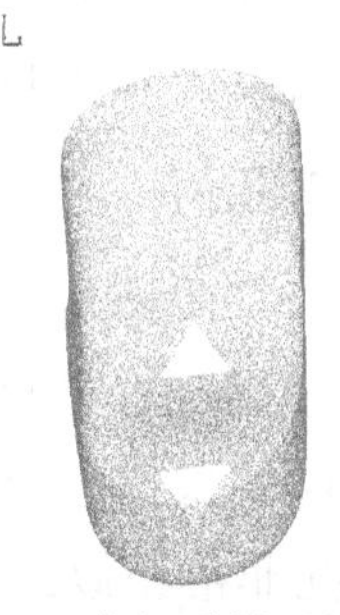

图 5-2　空间采样后的模型

为了便于观察，我们将用采样后的点云来创建一个多边形的网格。多边形网格的一些其他用途包括对有一定壁厚的模型可以研究它的包装、可以用作快速成形的 STL 文件，创建的多边形网格可以用来直接加工。

第 6 步　使用命令**构建→三角形网格化→点云三角形网格化**在点云上创建多边形网格。

第 7 步　将最大端点距离值设为 0，并将相邻尺寸值设为 0.5mm。

提示：决定相邻点之间的距离的经验方法就是取指定采样点之间距离的 3 倍，可略增加一点以获得额外的空间，这种方法将给出一个一致的结果和高质量的网格。

第 8 步　将文件另存为 **Original_Reduced_Polygonized.imw**，现在模型如图 5-3 所示。

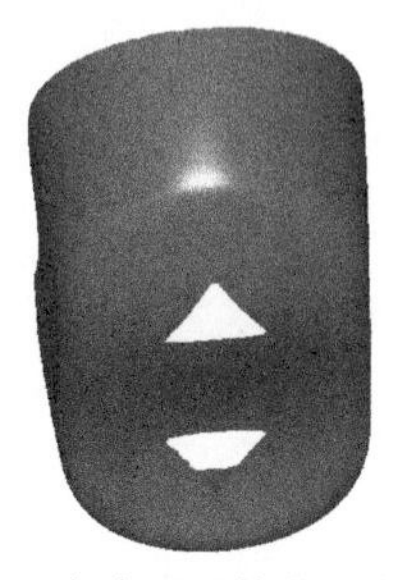

图 5-3　多边形网格化后的模型

5.2 对齐数据

这一节将对扫描点云与一个已知的位置简单对齐，也就是将扫描点云移动到一个确切的坐标系。由于扫描的点云数据跟直角坐标系不一致，这样在构造曲线和曲面时比较困难。当扫描点云移动到跟直角坐标系一致时，利用坐标系来提取点云拟合需要的几何元素就容易得多。

（1）创建参考几何

当需要将点云正确地对齐时，需要为此对齐创建一些参考几何。在这个例子中，我们将使用到一条直线、一个圆和一个平面。在创建这些参考几何时，以原点（0,0,0）来作为起始点并将它们指向 *Y* 方向，完成后的结果将和图 5-4 所示的情况非常相似。

第 1 步　使用**创建→简易曲线→直线**命令来创建一条直线。将直线的起点设为（0,0,0），终点设为（0,100,0）。

第 2 步　使用**创建→简易曲线→圆**命令来创建一个圆，将圆的中点设为（0,0,0），并将它的方向设为 *Z*。

第 3 步　输入一个半径值。这个值的大小都不是问题，只要使它在我们工作时足够大就行（现在我们使用 20mm 的半径值）。

第 4 步　使用**创建→平面→中心/法向**命令来创建一个平面，将此平面的中心点指定为（0,0,0）。

第 5 步　选择 *Z* 方向为平面的法向，并且输入它们在 *U* 和 *V* 方向上的延伸值。这些值的大小也不是问题，只要使它在我们工作时足够大就行（现在我们使用 20mm 的延伸值），如图 5-4 所示。

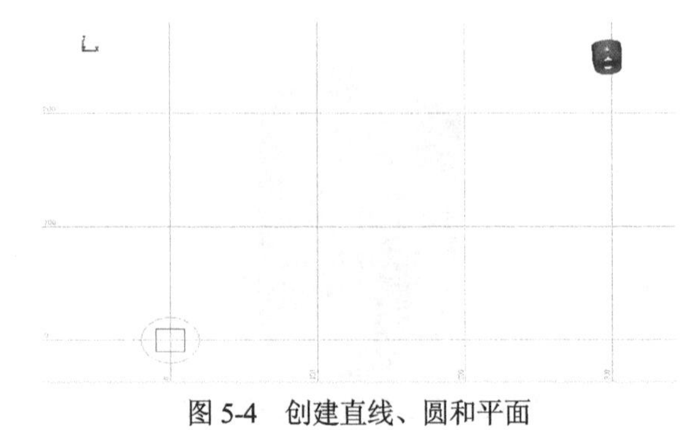

图 5-4　创建直线、圆和平面

（2）创建相应的对齐实体

下一步，我们将在模型上创建相应的实体，这样就可以将扫描数据与刚刚创建的几何体相对齐。

第 6 步　使用**视图→定位视图→点云**命令来将视图与点云对齐，这将很容易从点云上提取出一个截面。

第 7 步　通过鼠标点击视图上右边的滑动条来将视图旋转 90°，并将视图放大到扫描数据处，现在所看到的点云数据如图 5-5 所示。

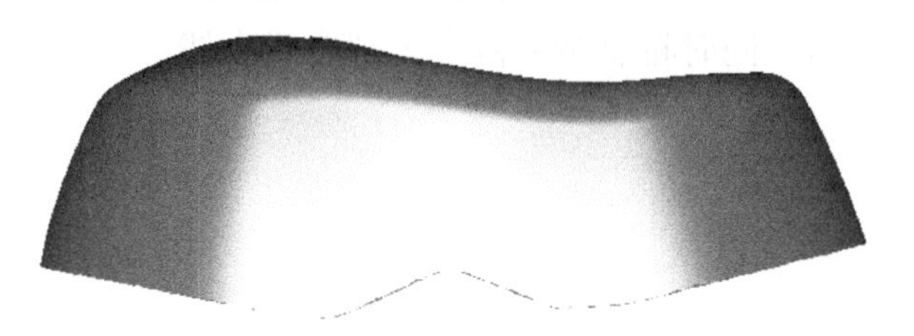

图 5-5　放大视图

第 8 步　我们需要水平地通过倒角与侧边曲面过渡处的下面创建一个截面。

第 9 步　使用**构建→剖面截取点云→交互式点云截面**命令来创建一条通过点云的直线，并将采样点距离设置为 0.25mm，如图 5-6 所示。

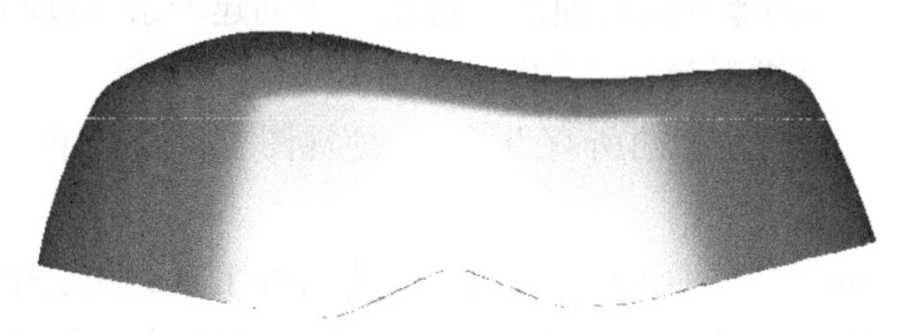

图 5-6　创建直线

第 10 步　将多边形网格隐藏起来，并将视图与刚创建的截面相对齐（参考第 6 步）。

第 11 步　在工具条上选取**修改→抽取→圈选点**命令（也可以右键选择圈选点）来将截面分割成直的和圆弧的片段。需要小心地选取它们，不要在圆弧截面上留下太多的直线上的点。

第 12 步　将选择模式设置为两端。重复以上的操作以得到所有的曲线片段，结果如图 5-7 所示。

图 5-7 获取曲线片段

第 13 步 使用**构建→由点云构建曲线→拟合圆**命令来将两个圆弧截面的点云数据拟合成圆。同时将剩余分割点云拟合成直线。

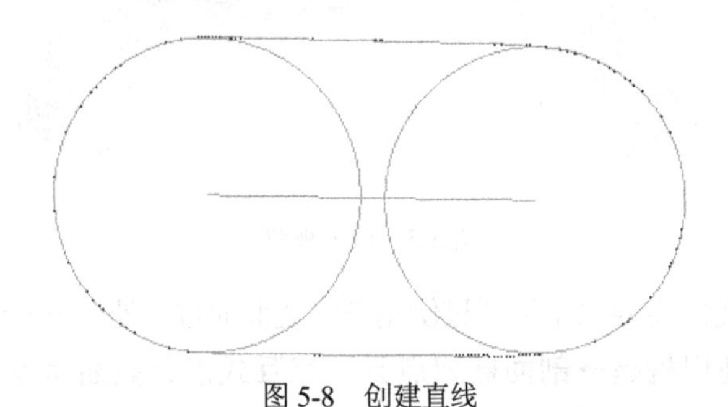

图 5-8 创建直线

第 14 步 使用**创建→简易曲线→直线**命令创建一条通过两个圆圆心的直线，如图 5-8 所示（要激活圆心的图标）。

第 15 步 删除截面上的所有点数据，使视图上仅仅留下两个圆弧和两条直线。

在 Imageware 中，需要使用群组来作为对齐工具。在这个点云中必须包含所有希望对齐的几何体，也就是为对齐而创建的参考几何体。在这个例子中，参考几何体就是我们刚刚创建的两个圆和两条直线，我们希望对齐的几何体就是扫描点云。

注意：当物体被包含在一个群组中时，这个群组将以一个不同的颜色显示出来以表明哪个项目是包含在群组中的。

第 16 步 将两个圆、两条直线和扫描点云创建为一个群组。

第 17 步 将文件另存为 **ready_for_alignment.imw**，现在模型应如图 5-9 所示。

图 5-9 完成后的模型

5.3　将点云数据与全局坐标系对齐

（1）对齐

当用来对齐的特征被创建后，就需要将扫描数据与全局坐标系对齐。为了执行这个对齐，我们将使用逐步式的对齐命令，它将允许我们在对齐配对添加时来观察对齐的结果。

第 1 步　使用**修改→定位→根据特征定位**命令，并指定对齐配对类型为点。

第 2 步　选择扫描数据上（来源对象窗口中）最靠近的圆来与坐标系中的圆对齐（在目的对象窗口中），如图 5-10 所示。

第 3 步　单击**增加**按钮以创建第一个对齐配对。将看到扫描数据群组从它的原始位置移动到一个新的位置。如图 5-11 所示。

第 4 步　使用**平面**的选项来将扫描数据上的第二个圆与全局坐标系中的面对齐。

第 5 步　单击**增加**按钮以增加第二个对齐配对，将会看到扫描数据和平面相对齐，如图 5-12 所示。

图 5-10　对齐对话框

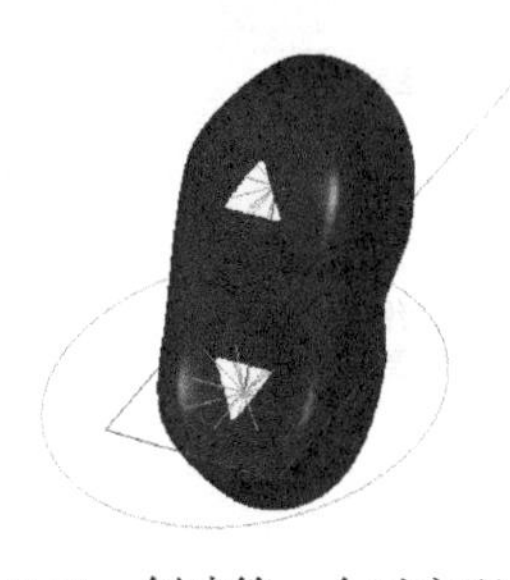

图 5-11　创建第一个对齐配对

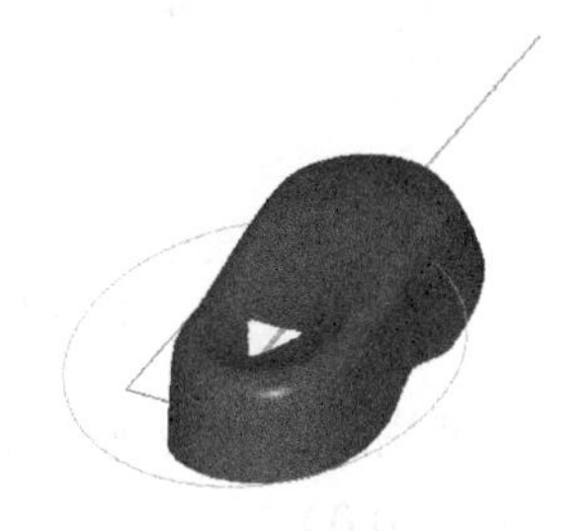

图 5-12　增加第二个对齐配对

第 6 步　将最后的配对类型指定为直线。这将基于两条线间的不同的角度来旋转数据的扫描方向。

第 7 步　将扫描点云上的直线与全局坐标系上的参考线相对齐。

第 8 步　单击**增加**按钮以完成第三个对齐配对的选取，将看到扫描数据绕着自身旋转对齐到 *Y* 方向上。

第 9 步　所有可能的配对都已经输入，且它们之间没有自由度后，就可以单击**应用**按钮来执行这个操作。

在逐步式对齐对话框中将显示出对齐过程的精度和它们之间所达到的公差。

（2）修改对齐

因为我们选择的位置的关系，此零件仍然在 *Z*=0 面下，为了纠正这个错误，我们将重新使用对齐工具来再一次对齐它，以使它移动到 *Z* 方向。

第 10 步　将扫描数据的群组打散并删除掉所有用来执行对齐的参考几何。

第 11 步　为了了解需要将零件移动的距离，在工具条上选择**评估→信息→数据库**命令，选取扫描点云，将看到最小的 *Z* 值为**.****，此数值的大小将取决于零件的位置，如图 5-13 所示。

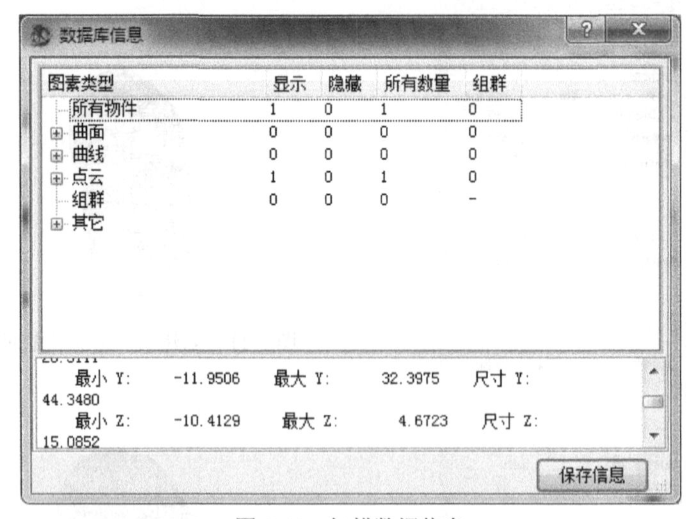

图 5-13　扫描数据信息

第 12 步　使用**创建→点**命令来创建一个点，点击图 5-14 中的坐标系图标，输入坐标点为（0,0,0）。

第 13 步　创建另一个点，并使它的坐标为（0,0,*Z*）（*Z* 值即为第 11 步的最小值的绝对值）。

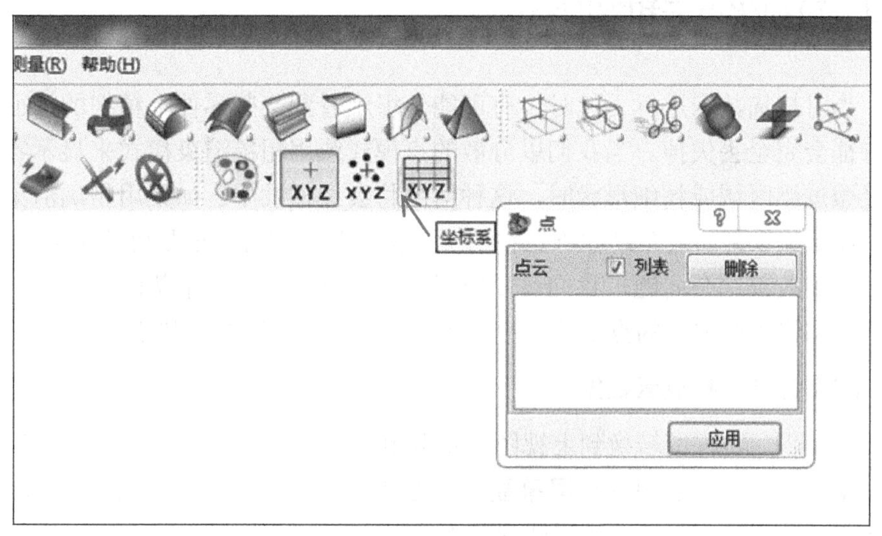

图 5-14　创建点

第 14 步　将扫描数据和（0,0,0）点组建成为一个群组（Cld）。

第 15 步　再次使用逐步式对齐的命令，将对齐类型设置为点匹配来将两个单一的点对齐。

第 16 步　选取在扫描数据群组上的点作为来源点，将第二个点设为目标点来进行对齐。现在零件将完全位于正 *Z* 方向，如图 5-15 所示。

图 5-15　对齐完成后的零件

第 17 步　使用**修改→位移→定义物体家的位置**命令和**修改→位移→设置物体坐标系**命令来重新定义零件的原始位置和物体轴。这将有助于在意外情况发生时，零件可以重新回到它的原始位置。

5.4 可视化点云和提取特征

当对扫描数据进行工作时，有可能会很难看到一些零件上精细的特征或此特征会完全丢失掉。当我们以分散的点模式或用粗糙渲染模式来显示零件的轻微过渡区域或精细形状时，这种情况将会经常发生。如果用精确渲染模式来显示此零件将会帮助改善这种情况，但一些精细特征还是可能丢失。

为了改善这个问题，我们可以应用一些非常好的功能来帮助更清楚地观察点云和将需要观察的点云片段提取出来。这将帮助观察扫描点云的质量。

（1）评估扫描点云数据

第 1 步　将视图转换到上视图并将群组打散。

第 2 步　使用**视图→全屏幕显示**命令来将点云数据以全屏方式显示。请确认点云数据是以精确渲染模式显示的。

第 3 步　使用**修改→方向→协调三角形网格法向**命令来协调多边形网格化的点云的法向保持一致。

第 4 步　使用**评估→曲面流线分析→点云反射系数**命令来评估扫描点云数据。

第 5 步　在扫描点云的中心处选择一个点来作为最初灯光的位置。

第 6 步　将动态更新选项选中，这样当有修改时，就可以观察到模型更新后的视图。

第 7 步　将灯光的投影方向指定为**在方向范围内**，这样在自由地旋转点云时，灯光的方向将和点云的位置相固定。

第 8 步　将灯光的方向设置为沿 Z 轴，并将灯光在模型的正方向上平移 20mm。

这个平移的选项用来控制灯光离选取点多远的位置。它可使灯光向模型的上面或下面移动，这样灯光就不会直接位于点云上了。

第 9 步　将**斑马线数量**设为 5，这个值用来定义光重复色谱的次数，如图 5-16 所示。

第 10 步　动态旋转零件以便更清楚地观察零件有什么变化。

第 11 步　在做完点云的评估后，使用**显示→点→移除点云颜色**命令将点云颜色从点云上删除掉。

另一个用来观察点云形状特性的选项就是**点云曲率**命令，这个命令将在视图中显示出高曲率区域和低曲率区域的位置。它将使我们更容易地观察曲面上高低曲率的区域和在提取特征时更容易找到特征。

第 12 步　选择**评估→曲率→点云曲率**命令，将相邻点的距离设置为 0.5mm 并确认基于曲率的颜色的选项是选中的，如图 5-17 所示。

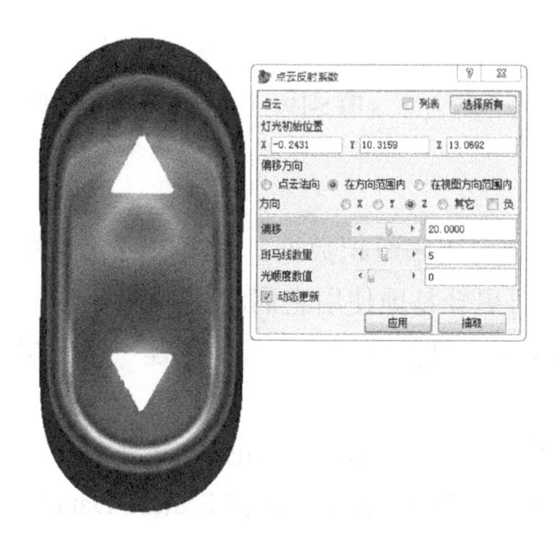

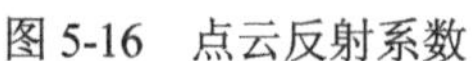
图 5-16　点云反射系数

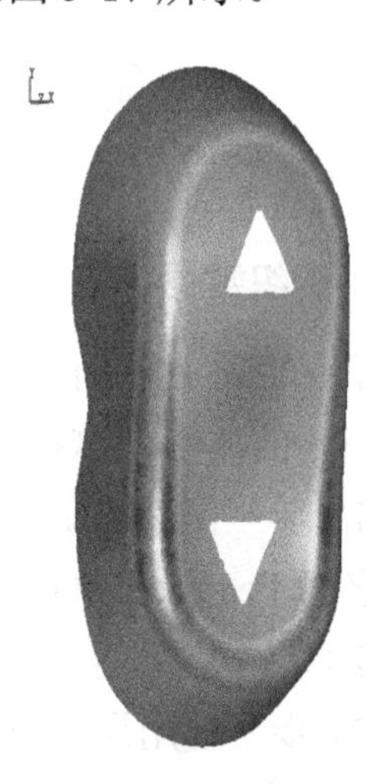
图 5-17　点云曲率

（2）提取特征

通过以上的评估方法，视图中得到扫描点云的颜色显示图，我们可基于由点云分析方法产生的颜色信息来提取特征。

第 13 步　选择**构建→特征线→根据色彩抽取点云**命令来提取点云特征。

第 14 步　在倒角的中间区域选取一个点并确认**动态更新**的选择框被选中。

第 15 步　将模式设定为**十字模式**，并观察哪些数据可被更容易地提取出来。

第 16 步　将百分比增加，滑动条移动到 95%处。这将允许包含基于颜色信息的更多数据。百分比数值越高，就会有越多的数据被包含进去。当移动滑动条时，观察在颜色改变处的可选取区域。

第 17 步　单击**应用**按钮以将点云提取到一个分离的点云中，它可用来创建一个合适的倒角，如图 5-18 所示。

第 18 步　将点云数据隐藏起来，并使用**显示→点→移除点云颜色**命令将点的颜色显示图从提取数据中删除掉，如图 5-19 所示。

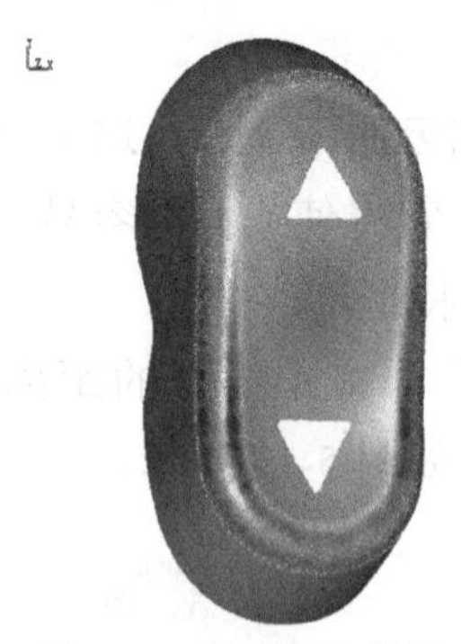

图 5-18 基于颜色的提取

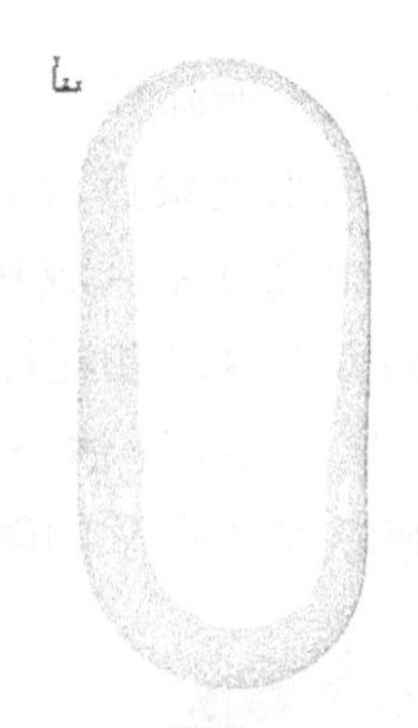

图 5-19 仅显示提取出的数据

（3）组织数据

为了保证数据的有序性，建议使用层来组织数据。使用层可允许将物体移动到不同的层中，这样在稍后就可更轻易地使用它们。

第 19 步 使用**编辑→图层编辑**命令打开图层管理器，创建一个新层，并将它命名为 Feature Data。

第 20 步 将上述产生的特征数据移动到 Feature Data 层中。

第 21 步 使用层设置，将工作层设为 Scan 层，并将 Feature Data 层隐藏起来，且使它不可选和不可见。

第 22 步 将文件另存为 **Section3.imw**。

5.5 有用的多边形操作

在开始创建线框前，需要讨论一些对多边形化操作非常有用的技巧。多边形在某种意义上说就是曲面的数据，我们可以像一个实体模型一样地偏置它和在它上面创建出截面。我们同样可以加一个壁厚并可在它上面进行布尔操作，这样就可以创建必需的截面和特征来开始我们的许多工作，例如包装。

（1）构建薄壁件

第 1 步 创建出一个新的命名为 Offset 的层，并使它为工作层。另外使 Scan 层为可选和可视的。而 Featur Data 层仍为不可见的。

第 2 步 如果扫描点云时不可见，可选中它使它可见，然后将点云充满视图以便更容易地观察它。

第 3 步 使用**构建→偏移→三角形网格化**命令来创建一个有一定壁厚的

模型。

第 4 步　将平移的距离设为-1.5mm 来沿数据的里面创建一个薄壁件。需要将平移的模式指定为**抽壳**。

第 5 步　仅仅显示出此薄壁件，如图 5-20 所示。

将会注意到，在边界周围会有一些须状多边形。它们都是由多边形网格的法向不一致而引起的。当将它们删除掉后，这个薄壁件就可以用来创建所需要的截面数据。

第 6 步　使用**修改→三角形网格化→修补三角形网格→移除过长三角形网格**命令来删除多边形显示。

第 7 步　将距离阈值设为 1.57mm 以定义最长可允许的多边形。选择 1.57mm 是因为实体厚度是 1.5mm，而所有其他的多边形都是很小的。

修改后的结果会显示在对话框中的结果面板中。在这个例子中，将会有 48 个多边形被删除。（不同的操作，结果会有更多或更少的多边形被删除。）

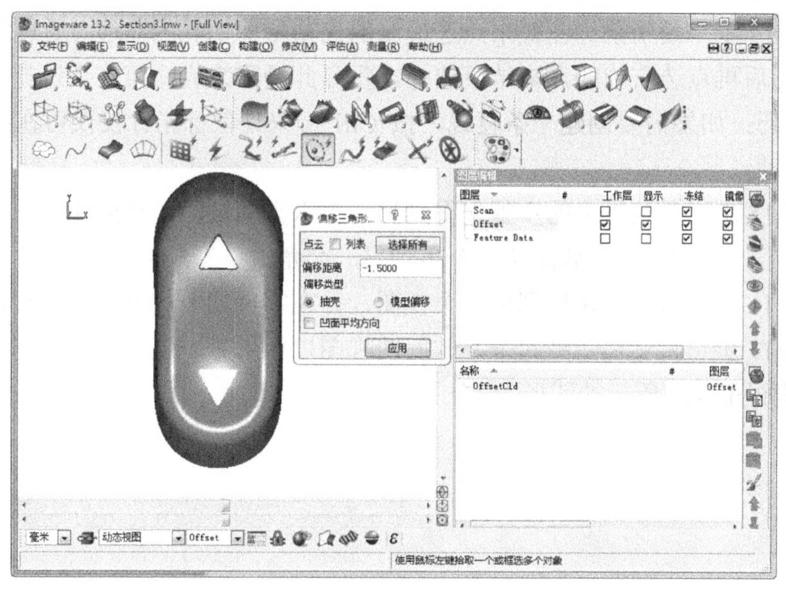

图 5-20　构建薄壁件

（2）创建必需的截面

这里有几种方法可用来在多边形网格中创建截面，多边形截面创建工具允许指定一个采样距离。每一个顶点都是使用这些命令穿过多边形网格而采样得到的。

第 8 步 选择**构建→剖面截取点云→平行点云截面**命令。

第 9 步 将截面的方向设为 *X* 方向并将起点设为 *X*=0。

第 10 步 将截面的数量设为 1，并将相邻尺寸设为 0.25mm。这个命令的结果为在 *X*=0 处创建的在 *YZ* 平面上的截面（*X* 的法向）。

第 11 步 将薄壁件隐藏起来并将视图转换到前视图，如图 5-21 所示。

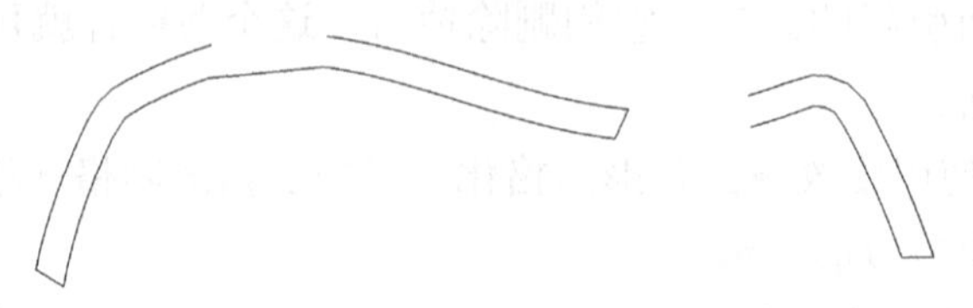

图 5-21 中心截面数据

第 12 步 重新显示薄壁件并返回到模型的上视图。

第 13 步 选择**构建→剖面截取点云→交互式点云截面**命令，并将采样距离设为 0.25mm。

第 14 步 使用鼠标左键来点选最高的三角形剪切孔的左边（通过它的中心），然后再点选右边的点来结束选择，重复此操作来完成第二个选择。

技巧：如果需要创建一条直线，按 Ctrl 键来使鼠标指针仅仅可在 90° 的方向移动。

第 15 步 重复以上的步骤来得到另一个水平的截面。即穿过另一个三角形的中心，再创建一个截面从一个角到另一个角。

第 16 步 将模型转换到另一个视图，并在零件的中间创建一个截面。

第 17 步 将实体隐藏起来，并旋转视图以便更好地观察它所有的截面，将得到如图 5-22 所示的图形。

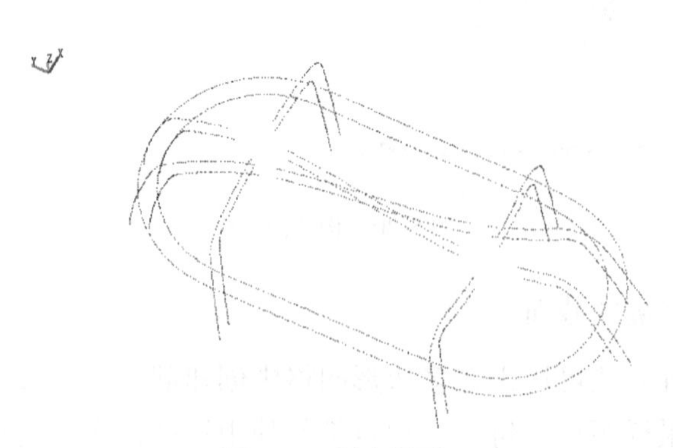

图 5-22 创建截面

第 18 步　当完成截面的创建后，可使用**修改→数据简化→显示公差**命令来减少每一个截面上的点的数量。

这个命令将基于弦偏差来减少点的数量，但它允许指定点之间的最大跨度以防止删除太多的点。这个命令同样可帮助保持尖锐的边的形状。

第 19 步　将**最大偏差**的值设为 0.02mm，并将**最大跨度**设为 0.7mm。

第 20 步　单击**应用**按钮将执行这个命令。现在已经将点云数据的总量减少 91%，这可轻易地将此数据输入到任何的 CAD 系统。

第 21 步　将文件另存为 **Section4.imw**。

5.6　创建顶部曲面的线框

在这里将会有三种类型的曲线/线框几何来构建曲面，它们中的每种几何都会有不同的用途。我们将创建的第一部分是独立的曲线，它将用来创建顶部的放样曲面。第二种需创建的类型是实际的曲线框架，它将用来定义绕零件外部边界的曲面。第三种类型就是构造几何，它用来帮助我们用实际的几何来定义零件。

（1）创建用来定义顶部曲面的曲线

我们最先创建顶部的曲线，它将用来定义顶部的曲面。记住删除不需要的几何体将使工作变得更加容易。同样的，使用层也可使工作变得更加容易。可创建一个名为 Construction 的层，并将所有此类型的几何体放到这个层中，以便容易地隐藏或观察它们。

第 1 步　创建一个名为 Wireframe 的层，并使它为当前层。然后使 Offset 层变为可见的和可选的。

第 2 步　将视图转换为左视图，这样就可以不用剪下太多的点。

第 3 步　使用区域选取命令来选取点云数据的上面部分。保留内部的点而删除外部的点。

第 4 步　将 Offset 层隐藏起来，以使视图变得更加干净。模型应如图 5-23 所示。

为了创建最初的曲线，需要从点云上每个三角形的中心创建一个截面。它们将对应到曲面上的最高和最低的范围。

第 5 步　选择**构建→剖面截取点云→交互式点云截面**命令，并将采样距离设为 0.25mm。使用鼠标左键选取一点通过三角形的中心处，并在它的终点选取另一点来结束选取。重复以上的操作来创建第二个截面，如图 5-24 所示。

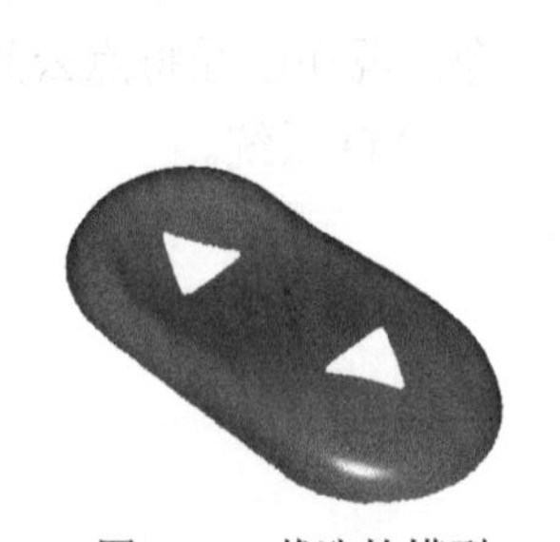

图 5-23 截选的模型

图 5-24 创建截面

第 6 步 将视图设置为 *XZ* 视图并隐藏点云，这样在视图中就仅有截面可见。

第 7 步 将截面拟合成曲线。选择**创建→简易曲线→3 点圆弧**命令。

第 8 步 从交互选择面板上选中点云捕捉器，它将帮助选取需要的点。

第 9 步 沿着截面选取三个点来创建圆弧，对另一个截面重复以上操作，如图 5-25 所示。

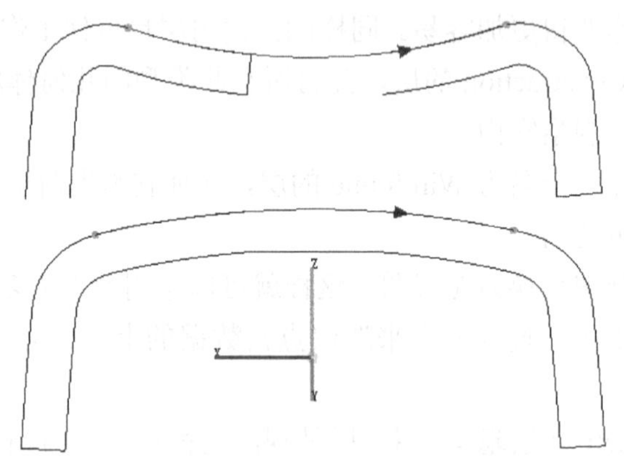

图 5-25 创建圆弧

第 10 步 使用**评估→控制点矢量图**命令来检查曲线的控制显示以验证对称性，将注意到它是不对称的，这是因为曲线上的控制点位置并不是平衡的。

第 11 步 使用**创建→结构线→无线直线**命令在上视图中创建零件外面的

一条垂直的无限长的结构线。

第 12 步　将坐标原点设为（10,12,0）以得到正确的线。

第 13 步　使用**修改→位移→镜像**命令来将这条线镜像到另外一边，请绕 *X* 轴镜像并确认保留原始曲线。

第 14 步　使用**修改→延伸**命令来延伸每一条曲线，分别选取两条曲线来延伸它们，请确认所有边选项是被选中的。

第 15 步　将连续性的类型选为**自然**来将每一条曲线延伸 10.00mm 以使它们都会超出结构线。

第 16 步　使用**修改→截断→截断曲线**命令将圆弧在结构线处剪断。请确认现在是在上视图中。

第 17 步　将剪切类型指定为**曲线**，然后拖动鼠标左键来选中两条圆弧。

第 18 步　分别选取两条结构线作为剪切边界曲线。

第 19 步　使用**视图**选项来进行剪切，并确认保留**框选**被选中，这将删除掉修剪曲线外的部分，旋转视图使它看起来如图 5-26 所示。

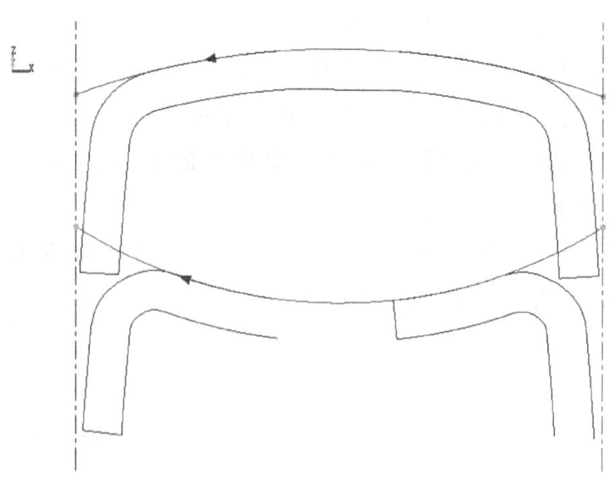

图 5-26　修剪圆弧

（2）从结构几何上创建新的圆弧

上面创建出的圆弧仅仅只是结构几何体。如果检查它们的端点，将发现它们在 *Z* 方向上是有轻微差异的，现在我们将用这些圆弧作为基础来创建新的圆弧。

第 20 步　选择**创建→简易曲线→3 点圆弧**命令。

第 21 步　选取左边圆弧的终点作为第一条圆弧的第一点。请确认有使用交互选择面板上的曲线端点选项来帮助选取。

第 22 步　对于第二点，使用曲线中点选项来选取圆弧上的中点。

第 23 步　对于第三点，使用曲线端点选项来选取圆弧上的右边的端点。在点击**应用**按钮执行命令前，请确认圆弧的起点和终点的 Z 值是相同的。如果它们的 Z 值不相同，重新输入值以使它们在每个点处是统一的。

第 24 步　在另一个圆弧上执行同样的操作。请确认已删除掉结构几何体，这样就可避免将它们弄混淆。

我们刚刚创建的圆弧是有理的实体。有理的实体用来描述真实的圆弧形状，但如果可能，在自由曲面建模中最好避免使用它。要知道一条曲线是否为有理，可从主工具条中选取对象信息图标来查看。

第 25 步　为了将这些圆弧转化为无理的曲线，可使用**修改→参数控制→重新建参数化**命令并将它的选项设置为**保持现状**。

第 26 步　对两条曲线都执行此命令。

第 27 步　将两条垂直的曲线都移动到结构几何层（Construction）中，这种类型的数据一般都是需要再次使用的。

创建顶部曲面的下一步就是在 Y 方向上移动并复制我们刚刚创建的曲线。这样创建出的曲面就会超过零件，我们可在一个命令中完成它们。

第 28 步　选取**修改→位移→移动**命令来将最上面的曲线沿轴向移动 8.0mm，方向选择 Y 向，请确认选中**复制**选项。

第 29 步　对另一条曲线执行同样的操作，但这次将曲线沿轴向移动距离为-8.0mm，选择的模型应如图 5-27 所示。

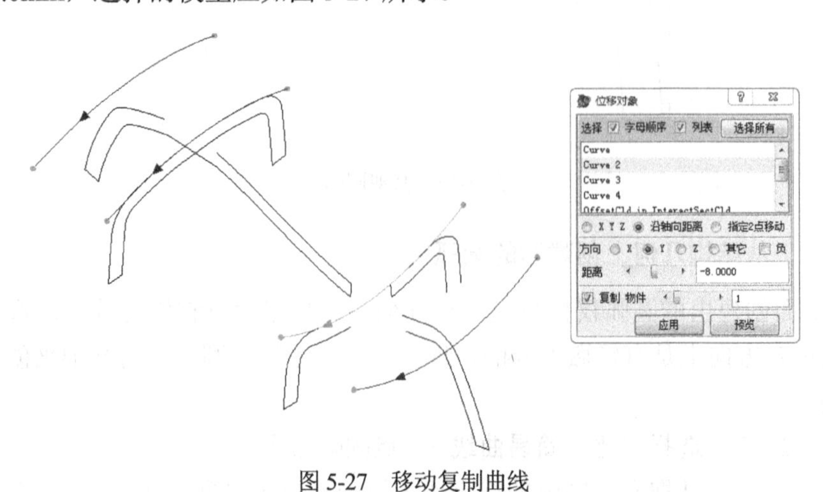

图 5-27　移动复制曲线

（3）创建顶部曲面

第 30 步　创建一个名为 Surface 的新层并选为当前层。

第 31 步　将 Offset 层中在 *X*=0 处剪切的一个平行的截面复制到 Surface 层中（图 5-27）。

第 32 步　使用**构建→曲面→放样**命令来创建一个层叠曲面。

第 33 步　为了可视化曲面与点截面的偏差，我们将使用**构建→剖面截面点云→曲面**命令来创建一个通过曲面的截面。在 *X*=0 处创建一个穿过曲面的单一的平行截面，视图如图 5-28 所示。

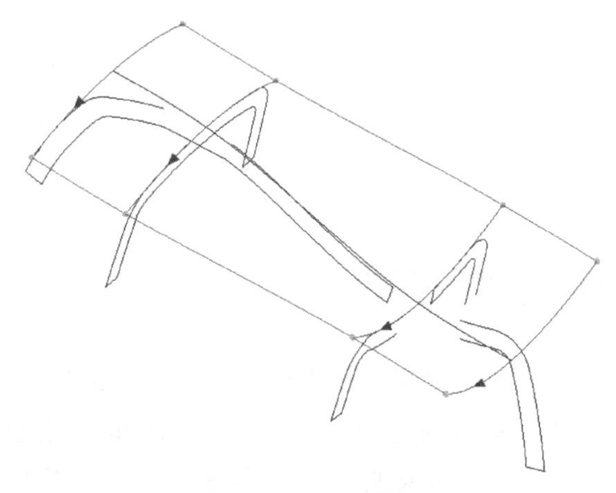

图 5-28　创建曲面

在此截面被创建后，两条终端处的曲线的 *Z* 方向位置必须被修改。因为层叠曲面是和原始的曲线相关联的，当我们修改曲线时，我们可同时看到曲面和截面的更新。

第 34 步　选择**修改→控制点**（用鼠标指向曲面，然后右键点击曲面，选择编辑曲面）命令。指定为在 *XYZ* 方向修改，并将点的移动锁定为 *Z* 方向。

第 35 步　选择两终端曲线上的所有控制点并移动它们，直到曲面上的截面与扫描点云的截面相对齐。

第 36 步　在另一条曲线上重复以上的操作，直到曲面上的截面和扫描点云的截面相对齐，结果如图 5-29 所示。

第 37 步　当前层应为 Wireframe，并使 Surface 层为不可见。在 Wireframe 层中删除掉所有不需要的点云数据，例如截面，以保持稳健的有序性。

第 38 步　将文件另存为 **Section5-1.imw**。

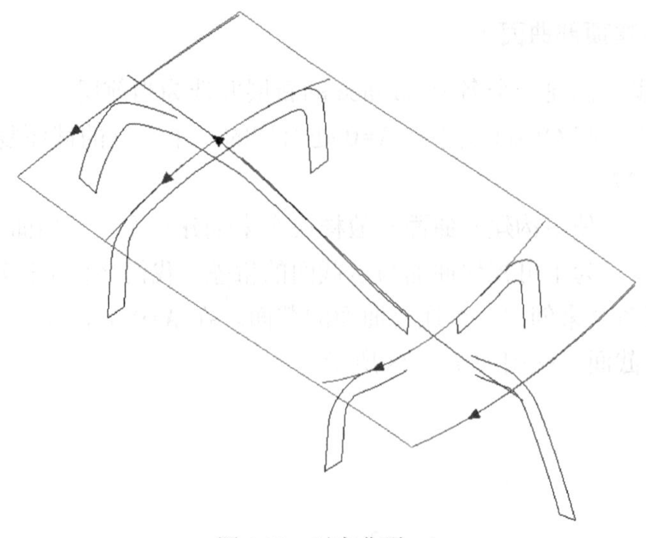

图 5-29 对齐曲面

5.7 为零件的两侧创建线框

现在要创建用来定义零件侧边的曲线，希望创建的第一个截面将定义在倒角下面的截面。为了更容易地观看它，可使用前面使用过的点云曲率分析工具，使用所有的默认值。转换视图到 *YZ* 视图，这样可以很清楚地看到倒角的结束处和侧面曲面的开始处。

（1）创建截面

第 1 步 将 Scan 层设置为可见的和可选的。并使 Wireframe 层变为当前层。

第 2 步 除了原始点云数据，隐藏其他所有的实体。

第 3 步 使用**构建→剖面截取点云→平行点云截面**命令在靠近倒角区域的下面创建一个截面（*Z*=10.7）。结果如图 5-30 所示。

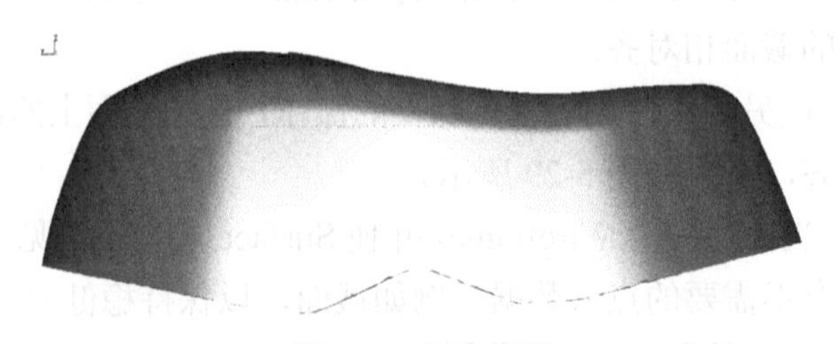

图 5-30 创建截面

第 4 步　隐藏 Scan 层，并仅仅显示当前层的实体。

（2）建立过渡点

现在在曲面边界与倒角终点交界处创建一个过渡点。在这个例子中，这个点非常重要，将由一条水平结构曲线来定义。为了更清楚地观察到过渡区域，推荐使用非比例的放大模式来观察模型。它将通过在视觉上压缩一个方向上的数据来创建一个透视缩短视图。它可帮助我们观察较小的过渡区域和在长距离的区域观察细微的过渡。

第 5 步　将视图转换为上视图。将仅仅显示截面和四条剪切过的曲线。

第 6 步　使用**创建→结构线→无线直线**命令来构建结构曲线。顶部和底部的线如图 5-31 所示。

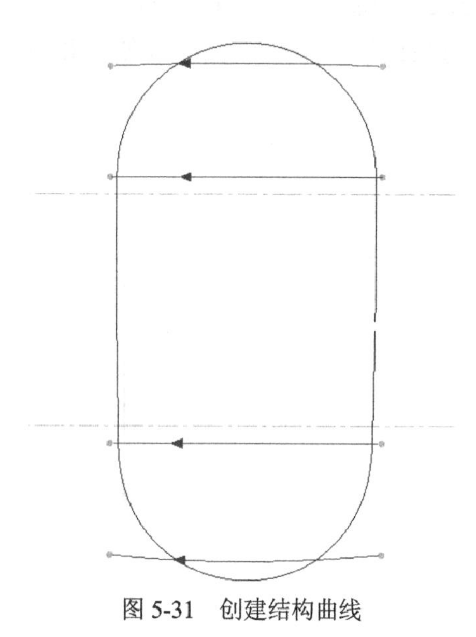

图 5-31　创建结构曲线

第 7 步　使用**非比例化缩放切换**模式来观察模型。绕着希望放大观察的区域拖动一个选择框。

第 8 步　当需要重设视图时，可选择上视图，重新回到原来的比例模式。

（3）构建曲线

第9步　使用**创建→3D 曲线→3D B 样条**命令在刚刚创建的两条结构曲线间创建一条 3D B 样条线。将它的阶数设为 3，它将给我们一个内部的控制点来控制曲线的形状。它的另外一个优点就是在我们改变曲线形状时不会有拐点。

第 10 步　使用交互选取面板上的**点云捕捉**选项来更容易地创建曲线。仅仅选取两个点，确认所选取的两个点是通过结构线的。

第 11 步　使用**修改→截断→截断曲线**命令将 B 样条线在结构线处剪断。请确认现在是在上视图中。

第 12 步　将剪切类型指定为**曲线**，选取 B 样条线作为被剪切的曲线，选取结构线作为剪切边界曲线。将剪切模式设置为**视图**模式，并指定保留模式为**框选**。

第 13 步　在非比例化缩放视图模式下比较曲线与点云，将发现点云比曲线要略微小一些。

第 14 步　使用**修改→控制点**（用鼠标指向曲面，然后右键点击曲面，选择编辑曲面）命令将每条曲线的中心点移除以使它和点云的形状相对齐，如图 5-32 所示。

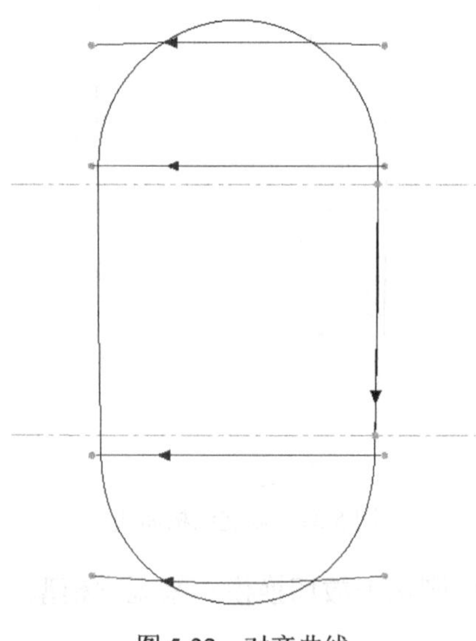

图 5-32　对齐曲线

第 15 步　将文件另存为 **Section5-2.imw**。

5.8 创建过渡区域曲线以定义曲面端部

现在已经创建出了侧面的曲线，然后需要创建零件端部过渡区域的曲线。

这个过程中，会构建尽量少的曲线框架，就可以 X 中心线来创建对称实体。

（1）创建圆弧

第 1 步 隐藏用来创建顶部层叠曲面的曲线。

第 2 步 将结构曲线移动到 Construction 层中，并确认 Wireframe 层是当前层。

第 3 步 在主工具条中选择**点圆心**命令。在点云的顶部中心处选取一点并记录下它的 Y 和 Z 值。

第 4 步 使用**创建→简易曲线→直线**命令来创建直线。将它的起点设置为 X=0，以上步得到的 Y、Z 值作为此曲线的 Y、Z 值。

第 5 步 将它的终点设置为 X=−5，它的 Y、Z 值和上一步中的值一样。重复以上操作，在点云的底部中点处创建第二条平直线。这些线将用来保证穿过中心线时的相切连续性，如图 5-33 所示。

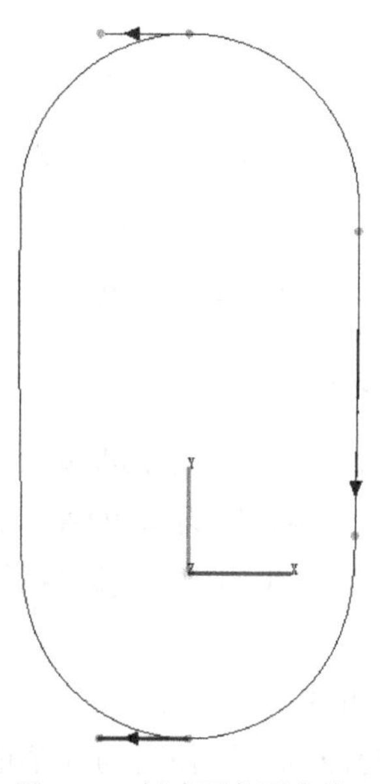

图 5-33 创建两条平直线

下一步将创建角落区域的过渡曲线。有多种选项和方法可用来创建这些曲线，但我们将使用 3D B 样条线工具来完成它们。因为此工具允许自动加上曲线的约束。我们将创建两条圆弧，一条在顶部，另一条在底部。

第 6 步 使用**创建→3D 曲线→3D B 样条**命令来创建 3D B 样条线，并将它的阶次设为 4。这将创建出含有一个内部节点的曲线。

第 7 步 选取交互选取面板上的**曲线端点**选项，然后选取顶部曲线的端点并为它加上一个相切的约束。选取垂直的线的端点并再次为它加上一个曲率连续的约束。这就完成了第一条圆弧。重复以上操作以完成底部的圆弧，如图 5-34 所示。

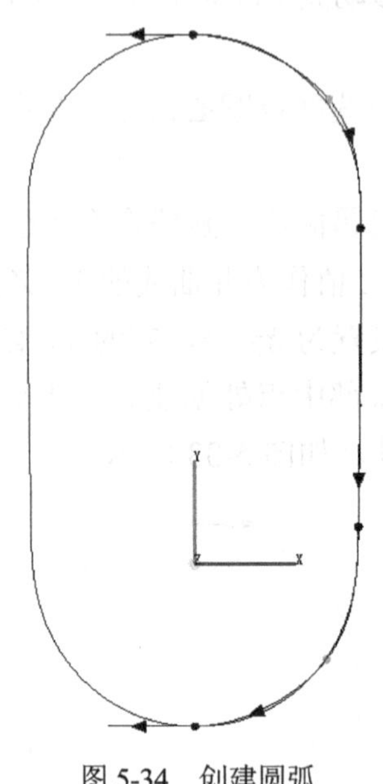

图 5-34 创建圆弧

（2）修改过渡区域的曲线

为了使我们有一个自由的控制点来帮助我们定义曲线的形状，我们必须升高曲线的阶次。如果使用一条阶次为 4 的曲线来创建过渡区域曲线，过渡曲线将仅有一个内部节点。如果我们将它的阶次升高为 6，我们将在原始点位置得到一个多重节点。

第 8 步 显示出此曲线的控制点结构。

第 9 步 修改曲线上的控制点以使它与大多的点云相匹配。注意不能使次曲线与点云精确地对齐，因为曲线的阶次太低而不能再重新产生它的形状，并且也不能保持我们所需要的连续性。

第 10 步 使用**修改→参数控制→B 样条重新分配（拖动鼠标指向曲线，右键点击）**命令来将两个圆弧曲线的阶次升高为 6，并只有一个跨度。这样就会有一个自由的控制点来帮助我们定义曲线的形状。它将近似地接近曲线，但它可保持连续性约束并且会和原始曲线的全部形状尽可能地精确。

第 11 步　编辑控制点以使曲线得到一个正确的形状，在控制点显示图中删除所有的变形，这样就会得到一个较好的结果。当移动自由控制点时，应注意仅在 *X* 和 *Y* 平面上移动它。

第 12 步　将文件另存为 **Section5-3.imw**。现在模型应如图 5-35 所示。

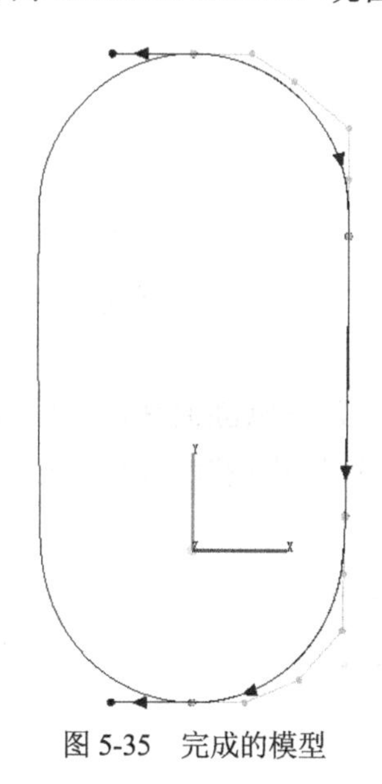

图 5-35　完成的模型

（3）创建中心线截面和曲线

现在创建定义中心线的曲线。

第 13 步　使 Scan 层为可见和可选取的。

第 14 步　使用**构建→剖面截取点云→平行点云截面**命令在点云 *X*=0 处创建一个多边形的平行截面。

第 15 步　使 Scan 层为不可见和不可选取的。

第 16 步　创建一条 3D B 样条线并为过渡曲线的终点和截面点云上的最后一点加上共点的约束。将此曲线的阶次设置为 3，在交互选取面板上选择**点云捕捉**选项以帮助我们选取在点云上的点。重复以上操作来创建另一条曲线。

第 17 步　编辑两条曲线上的控制点，以使两条曲线都和扫描曲线的形状相匹配。

提示：编辑控制点之前将视图放大，更容易观察点云的正确形状。记住仅仅在平面方向来移动控制点，如图 5-36 所示。

第 18 步　将底面的一条 B 样条线延伸 10mm，使用**自然**的连续类型。对另一条曲线重复以上操作。

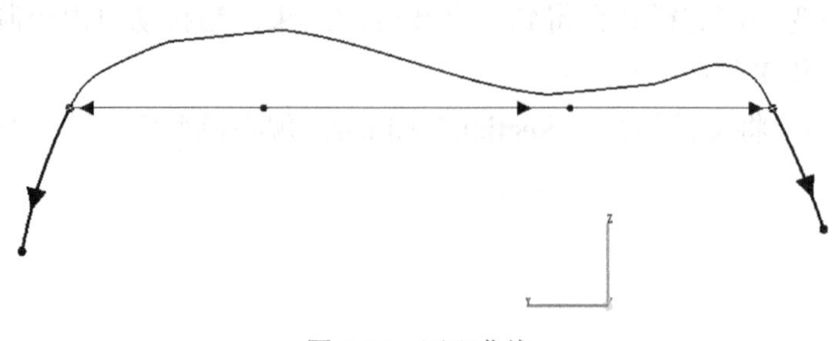

图 5-36 匹配曲线

第 19 步 使用**创建→结构线→无线直线**命令在 *X*、*Y*、*Z* 都为 0 处创建一条水平的直线。

第 20 步 使用**修改→截断→截断曲线**命令用水平线来剪断 B 样条线。将剪切类型指定为**曲线**，将剪切模式设置为**视图**模式，并指定保留模式为**框选**，如图 5-37 所示。

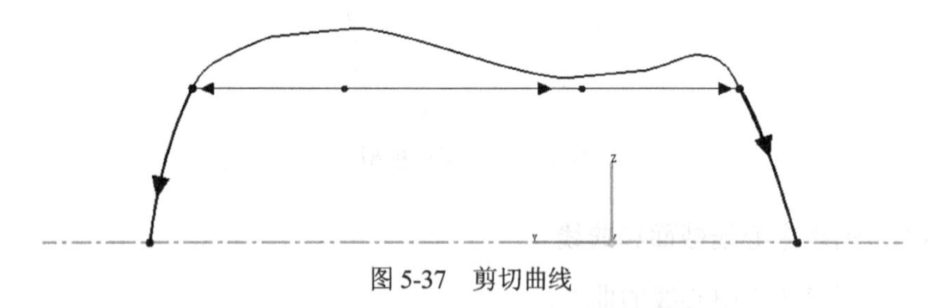

图 5-37 剪切曲线

第 21 步 将文件另存为 **Scetion5-4.imw**。

5.9 使用侧面的框架创建曲面

现在将创建用来定义零件下侧面的曲线。这些曲线应在 *Z*=0 的平面上，并且它有一个拔模角。我们将在 Wireframe 层中进行工作，但请确认 Scan 层是可见和可选取的。

（1）创建截面

第 1 步 在侧面曲线的端点处通过点云在 *Y* 平面上创建一个平行的截面，使用交互选取面板上的**曲线端点**选项来选取剪切曲线的端点。

第 2 步 在另一条曲线的端点和中点处重复以上的操作。现在将得到三个截面，如图 5-38 所示。

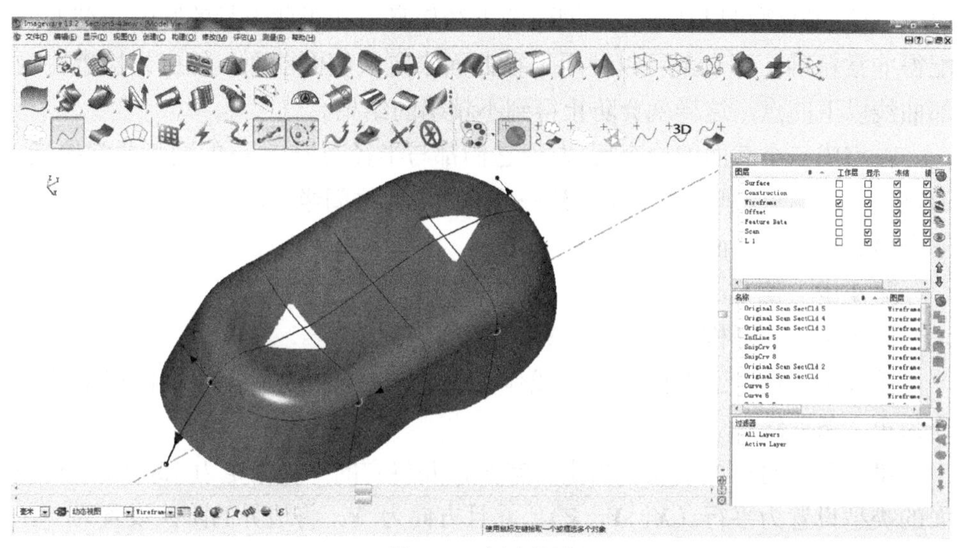

图 5-38　创建截面

第 3 步　使用**修改→位移→移动**命令来将修剪后的曲线在负 Z 方向上移动并得到一条复制曲线。在屏幕上拖动一个移动的距离以使第二条曲线和截面的终点相靠近，如图 5-39 所示。

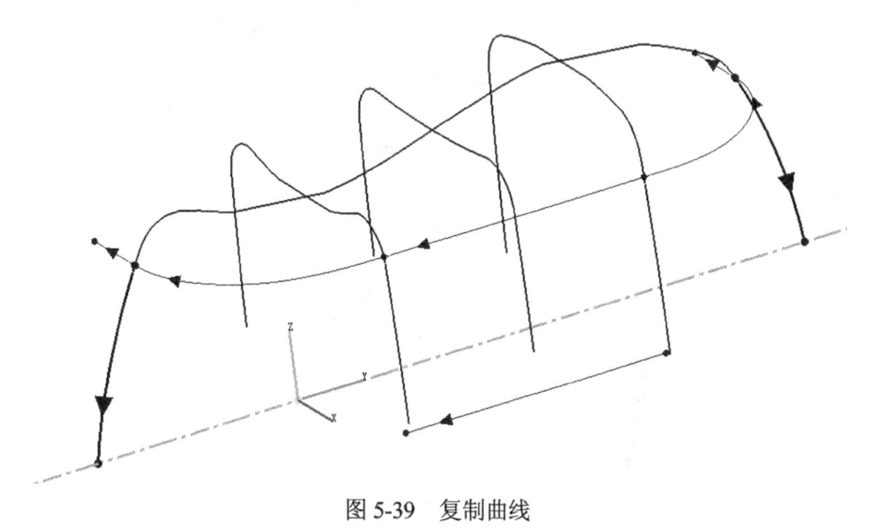

图 5-39　复制曲线

（2）创建曲面

现在需要解决侧面的曲面是什么形状的：它是圆弧形状还是多折线的形

状？检查的方法是使用**3 点圆弧**的命令，因为截面看起来像一个圆弧的形状。通过创建的圆弧可以获得关于侧面的半径信息。如果此半径的圆弧与截面匹配得非常精确，那么就可以使用半径曲面来定义侧面曲面。但应只检查在顶部曲线以下的点，这样就会防止得到不精确的结果。

在完成三个截面的检查后，发现它们都与半径为 150mm 的圆弧非常接近。通过以上的结果，就可以使用**构建→倒角→2 曲线间半径**的命令在曲线间创建一个给定半径的曲面。

第 4 步　使 Surface 层变为工作层。

第 5 步　选择**构建→倒角→2 曲线间半径**的命令。

第 6 步　选取上面的修剪曲线作为第一条曲线，并选取下面的修剪曲线作为第二条曲线。

第 7 步　将曲面的类型指定为**常量**，并将它的半径指定为 150mm。将截面的类型设置为**平行**（***X***，***Y***，***Z***），并且方向为 *Y*。将边界的阶次设置为 7，而圆弧的阶次设置为 3。

注意：如果曲面被创建在错误的方向上，则可使用反转的选项来颠倒它。

第 8 步　将 Surface 层设为可见的以看到生成的结果，如图 5-40 所示。

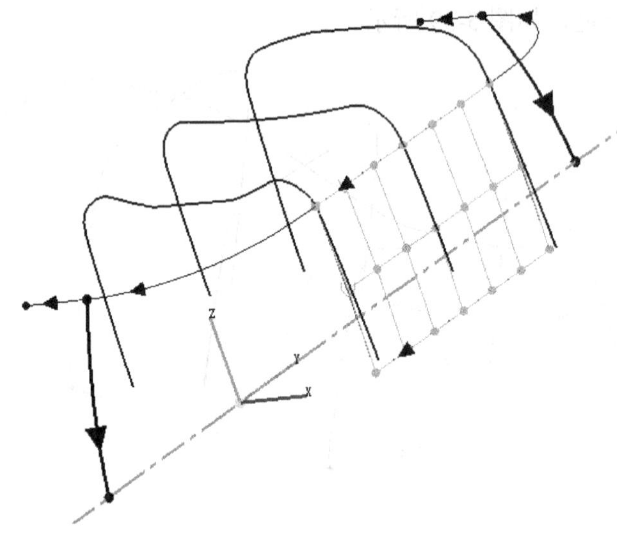

图 5-40　生成曲面

（3）修改曲面

仔细观察此模型，将发现当我们将它与截面相比较时，底部的曲线并不是在正确的位置上。

第 9 步　选择**修改→形状控制→曲线平面化**命令。

第 10 步　将底部的曲线平面化到 Z=0 的平面上。

第 11 步　使用控制点编辑功能来编辑所有在底部曲线上的控制点，曲线在 X 方向上移动。移动底部的曲线指导曲面上的第一条边界和最后一条边界都和截面相对齐。

由于 Imageware 的关联功能，半径曲面将会跟随曲线的移动而改变形状，并且可在屏幕上实时地观察到改变的结果。

第 12 步　使用**构建→剖面截取点云→曲面**命令来检查它与中心截面的偏差。在 Y 方向上创建一个截面（直接在中心截面的顶部）。这将清楚地看到曲面在中心处的形状改变，但它的半径仍会保持不变。

由于底部的曲线的阶次为 3，所以不可以在不影响曲线终点的情况下来编辑曲线的中心。为了改变曲线中心处的形状，必须将它的阶次升高到 7。

第 13 步　使用**修改→参数控制→B 样条重新分配（拖动鼠标指向曲线，右键点击）**命令来将曲线的阶次升高为 7，并只有一个跨度。

第 14 步　使用控制点编辑命令来将中心处的控制点在 X 方向上移动，直到曲面截面与扫描截面相对齐，如图 5-41 所示。

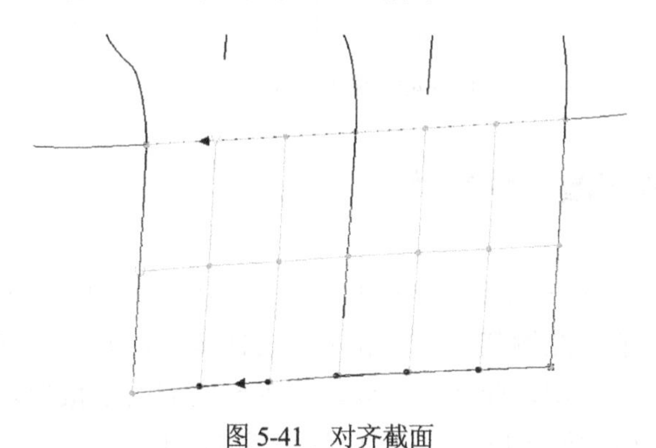

图 5-41　对齐截面

第 15 步　删除控制点显示，并将当前层设为 Wireframe。

第 16 步　删除不再需要的几何体，例如截面等。

第 17 步　将文件另存为 **Section5-5.imw**。

（4）完成线框的建构

现在将创建剩余的曲线来完成线框的建构。将重复第 18～23 步来完成它。

第 18 步　将 Surface 层隐藏起来。

第 19 步　创建与中心线相切的直线。

第 20 步　创建约束的曲线。

第 21 步　使用控制点编辑命令来修改曲线的外形。

第 22 步　使用**B 样条重新分配**命令来升高曲线的阶次。

第 23 步　修改曲线的外形，如图 5-42 所示。

注意：理想化的结果就是修改下面过渡区域曲线的控制点，以使它们和上面过渡区域的曲线控制点结果是相同的。

第 24 步　将文件另存为 **Section5-6.imw**。

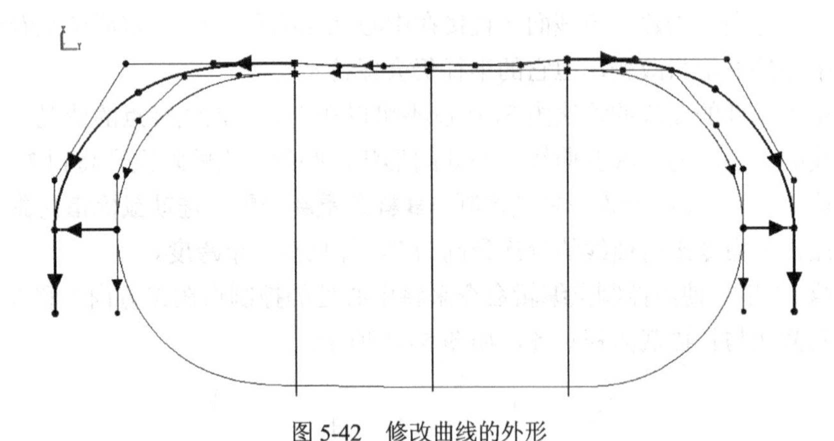

图 5-42　修改曲线的外形

5.10　创建并修改曲面补片

在这一节中，将在过渡区域简单地创建两个曲面，首先将创建零件 *Y* 侧边的曲面。上一节已经调整过上面和下面的曲线，但并没有真正地观察过它们之间的连接处。当创建曲面的时候，将观察它们的连接处，并且也许需要对它们做一些细微的修改以使它们更好地跟随控制点。

（1）创建曲面补片

第 1 步　将当前层设置为 Surface 层。显示出所有的曲面和曲线，将我们在半径曲面边界上创建出的两条曲线隐藏起来。

第 2 步　选择**构建→曲面→边界曲面**命令，首先选取曲面的边界，然后按顺时针方向选取其他的 3 条曲线。

第 3 步　将它与曲面边界的连续性类型设置为相切，并使曲线的连续性类型设置为位置。将曲面边界的相切公差设为 0.05mm，这将基于输入的曲线与另一个曲面间相连续的方式创建一个曲面，如图 5-43 所示。

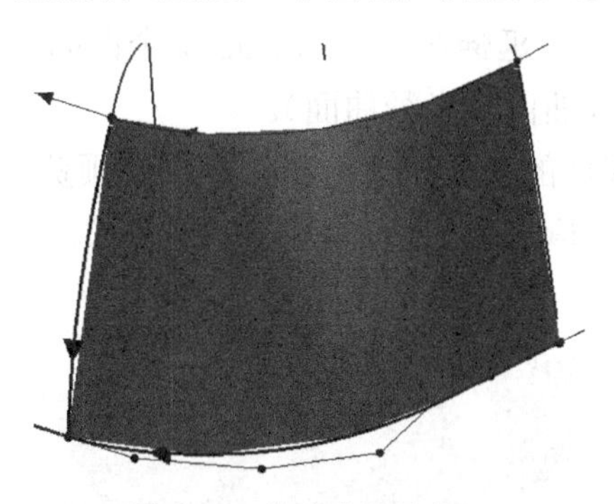

图 5-43　修改曲线的外形

第 4 步　如果此曲面的控制点结构显示为都在一起或相距太远，可以编辑曲线的控制点来调整曲面的形状。

第 5 步　重复以上的操作以创建另一个过渡区域的曲面。如果需要，修改曲线以调整曲面上的控制点的结构，如图 5-44 所示。

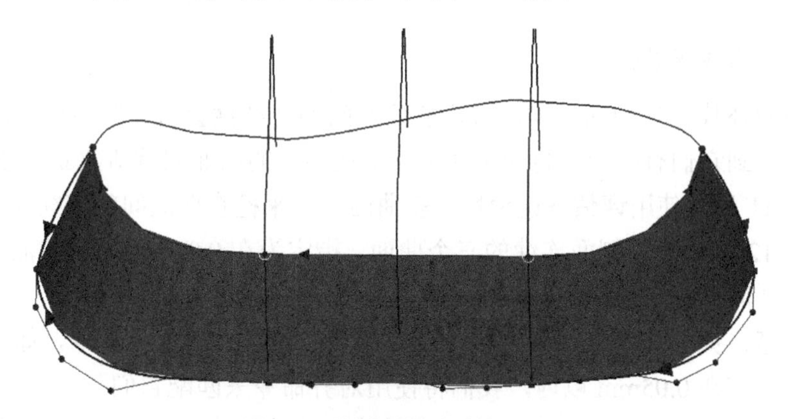

图 5-44　创建过渡区域的曲面

第 6 步　将文件另存为 **Section5-7.imw**。

（2）延伸并修改侧边曲面

现在所有三个外部的曲面都被创建出来了，我们需要镜射它们并从上部曲面的侧边曲面创建过渡区域。首先在向上延伸此三个曲面到顶部曲面前需要删除它们的关联性，然后将在倒角圆弧的范围内来创建曲面。

第 7 步　选择**修改→连续性→删除约束**命令。

第 8 步　选取 3 个曲面并按删除键。请小心执行此操作以免将曲线上的约束给删除掉了。

第 9 步　选取**修改→延伸**命令，选取此 3 个曲面的顶部的边界以使它们向上面延伸（两个边界曲面及半径曲面）。

第 10 步　将连续性的类型设置为**自然**并单击**预览**按钮。移动滑动条或输入数值直到对延伸的长度满意为止，如图 5-45 所示。

图 5-45　延伸曲面

（3）修改连续性

曲面补片在延伸的时候，有可能曲面间的连续性会有一些轻微的改变。如果注意到它们有改变，将使用匹配命令在离散的曲面间重新建立连续性。

第 11 步　使用**评估→连续性→多曲面**命令来检查曲面间的连续性。

第 12 步　选取侧面连续的三个曲面，指定为在 0.05mm 的公差范围内检查它们之间的相切连续性。

注意：如果它们之间的连续性没有改变，可跳过下面的命令，如果相切连续性没有在 0.05mm 以内，我们将使用对齐命令来匹配它们。

第 13 步　选择**修改→连续性→缝合曲面**命令。选取靠近圆弧曲面的过渡区域曲面的边界作为匹配实体。

第 14 步　选取靠近过渡区域曲面的圆弧曲面边界作为参考实体。注意参考实体是不可修改的。

第 15 步　选中**位置**、**相切**和**曲率**的选项，同时选中**投影**的选项。这将使数据的改变为最小，单击**应用**按钮执行命令。

第 16 步　将文件另存为 **Section5-8.imw**，现在模型应如图 5-46 所示。

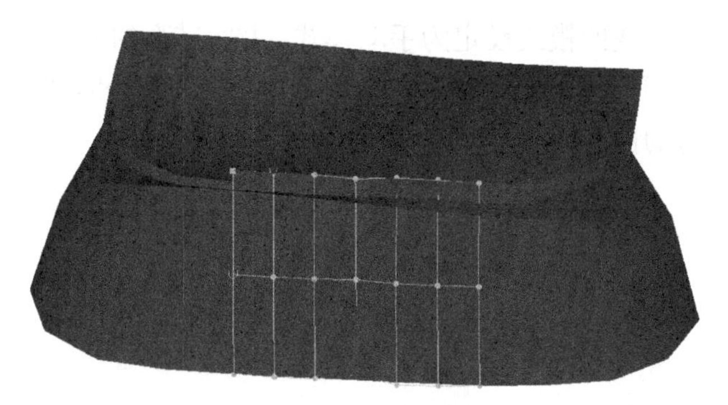

图 5-46　完成的模型

5.11　调整和分析顶部曲面

在创建倒角曲面之前，要再观察顶部曲面。因为它是有两个内部节点的四阶样条曲面，所以检查它的曲率显示线将显示出曲率变化情况。

第 1 步　选择**评估→曲率→曲面梳状图**命令。

第 2 步　将显示线的方向设置为 *V*，指定在每个截面上使用 55 条显示线，并将截面的数量设置为 2，如图 5-47 所示。

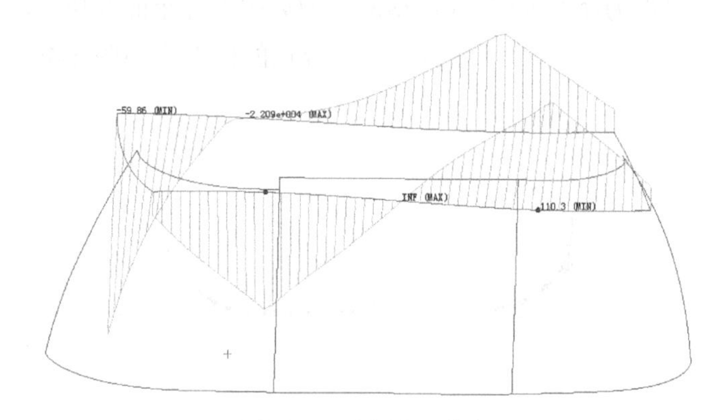

图 5-47　分析曲面曲率

我们希望在曲面外形上以最小的改变来使曲面更加平滑，沿曲面曲率分布来使曲面平滑将改善它的整体的质量，同时也可使后续的处理更加容易。一个 Bezier（贝塞尔）曲面是没有内部节点的，所以它有剧烈的曲率变化区域的可能性较小。

第 3 步　选择**修改→参数控制→转换为 Bezier 曲面**命令。

第 4 步　将转变的模式设定为手动模式，并将转变的方向设置为 V 方向，阶次设定为 6（它和有两个节点的四阶曲面有相同数量的点，但它的结果将会是一个更加平滑的曲面），如图 5-48 所示。

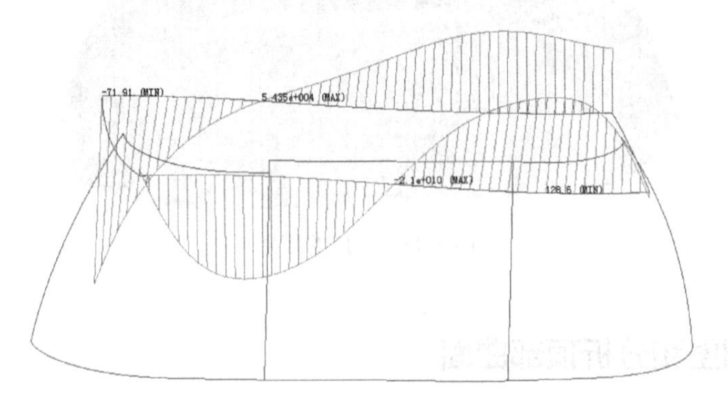

图 5-48　参数化曲面

第 5 步　删除曲率显示线。

在完成右边的模型以后将会镜射所有的曲面，将需要剪切顶部的曲面以镜射所有的几何体。

第 6 步　选择**修改→剪断→截断曲面**命令，选取侧面的曲面作为被修剪曲面，选取相交线作为命令曲线。（在剪断之前要先做几个面的相交产生交线。）

第 7 步　删除不需要的顶部的部分，现在的模型应如图 5-49 所示。

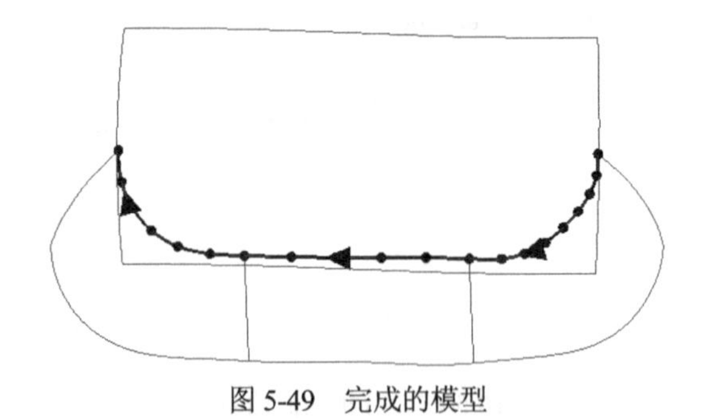

图 5-49　完成的模型

第 8 步 将文件另存为 **Section5-9.imw**。

5.12　创建过渡区域曲面和底部零件边界

现在有模型的完整的侧边和顶部曲面，可以用它们进行倒角。首先需要建立正确的倒角类型和它的形状。然后分析截面和扫描点云来试着找出需要使用哪一种类型的倒角。

当观察截面和扫描数据时，将发现倒角在顶部和侧部曲面的开始处离圆心很远。它同样显示出在零件上有一个不变的跨度。我们称一个有不变的跨度的倒角为弦倒角，称看起来为加速的倒角为加速的相切或曲率相切。

第 1 步　选择**构建→倒角→模式**命令，选取侧面三个放样曲面作为第一个曲面，选取顶部曲面作为第二个曲面。

第 2 步　将倒角类型指定为**弦长**，值设定为 4mm。选中**曲率**选项并将内部半径设定为 3.5mm。将圆弧阶次设定为 7，并将边界阶次设定为 6。

第 3 步　如果倒角在后面还需要修改，可选中 Bezier 选项。

第 4 步　将文件另存为 **Section5-10.imw**，现在的模型如图 5-50 所示。

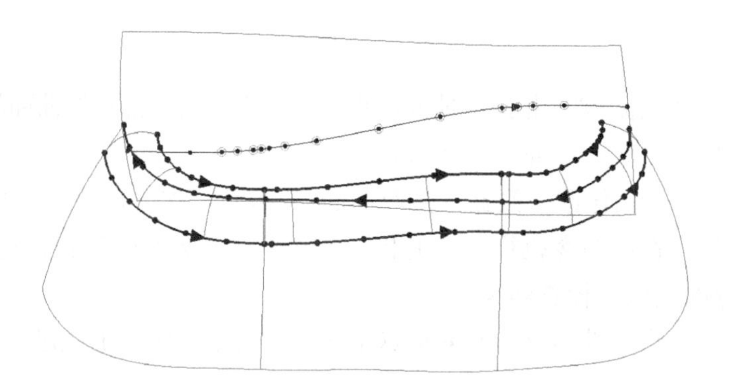

图 5-50　创建倒角曲面

现在已经创建了所有的曲面，并仅仅需要创建零件底部的修剪边界。

第 5 步　将当前层设定为 Wireframe 层，并显示出原始的点云。

第 6 步　在一个侧面的视图上，在平直的截面上创建 2D 直线，并延伸以使它们相交。在相交的曲线间创建倒角并将延伸出的部分剪切掉，这些曲线应在 *X* 平面上创建，如图 5-51 所示。

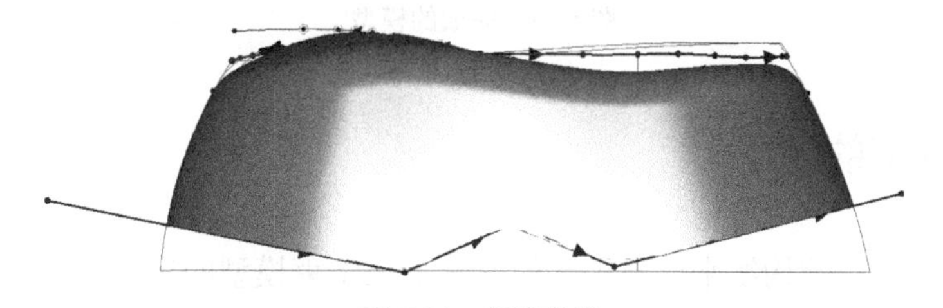

图 5-51　创建直线

第 7 步　将当前层设置为 Surface 层。

第 8 步　在 X 方向上拉伸这条曲线以使它与零件的曲面相交，如图 5-52 所示。

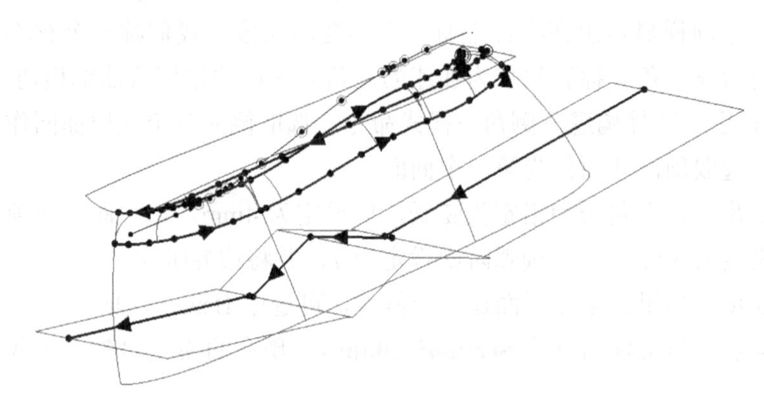

图 5-52　拉伸曲线

第 9 步　使用**构建→相交→曲面**命令来创建零件与底部拉伸曲面的相交线。

第 10 步　将底部曲面隐藏起来。

第 11 步　使用**修改→截断→截断曲面**命令，然后选中所有的零件的曲面。

第 12 步　在此命令执行后，在上部选取一点以保留顶部的曲面和侧面需要保留部分的区域，检查结果。

第 13 步　将文件另存为 **Section5-11.imw**，现在的模型应如图 5-53 所示。

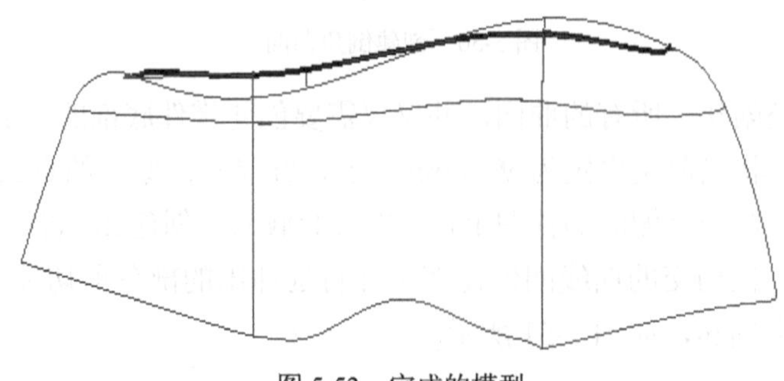

图 5-53　完成的模型

5.13　完成的模型

现在将使用结构线来创建顶部的三角形来结束模型的构造。

第 1 步 转换视图到上视图。创建用来构建三角形的缺口的结构线和几何体，如图 5-54 所示。

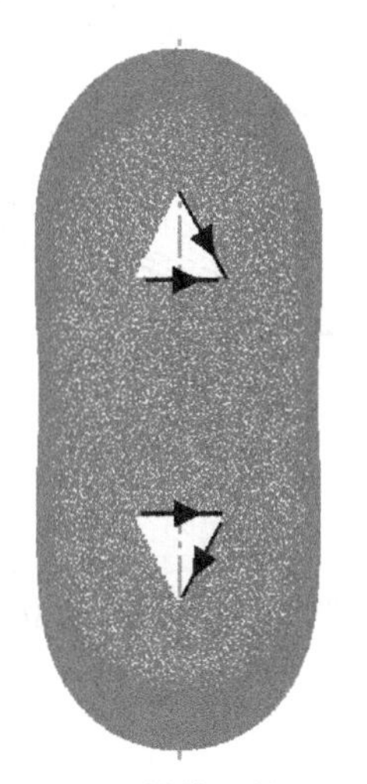

图 5-54 转换后的视图

第 2 步 将此三角形投影到顶部的曲面上，然后以此三角形剪切曲面，如图 5-55 所示。

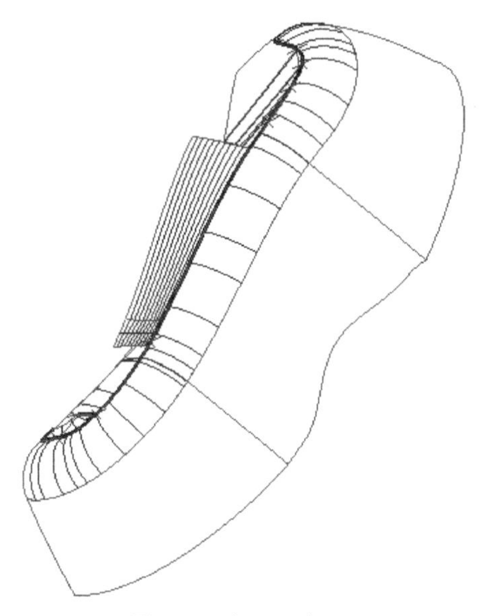

图 5-55 投影三角形

第 3 步 在 X=0 处镜像曲面，选中复制选项。

第 4 步　将文件另存为 **complete.imw**，现在的模型应如图 5-56 所示。

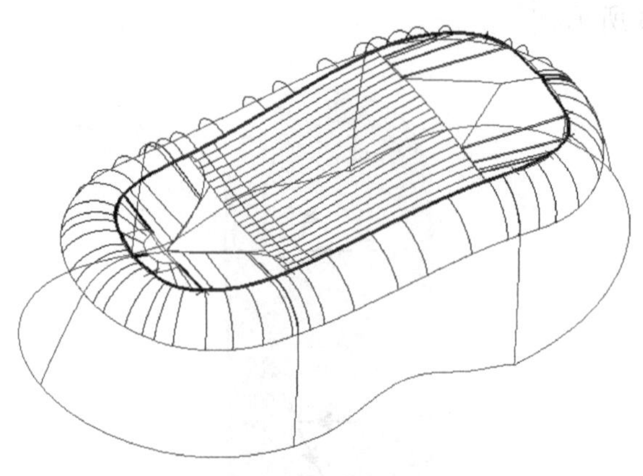

图 5-56　最终的模型

参考文献

[1] 成思源，杨雪荣，等. 逆向工程技术. 北京：机械工业出版社，2018.

[2] 辛志杰. 逆向设计与 3D 打印实用技术. 北京：化学工业出版社，2017.

[3] 张海光，胡庆夕. 现代精密测量实践教程. 北京：清华大学出版社，2014.

[4] 姜元庆，刘佩军. UG/Imageware 逆向工程培训教程. 北京：清华大学出版社，2003.

[5] 孙长库，胡晓东. 精密测量理论与技术基础. 北京：机械工业出版社，2015.

[6] 张晋西，郭雪琴，张甲瑞. 逆向工程基础及应用实例教程. 北京：清华大学出版社，2011.

[7] 徐静，刘桂雄. 三坐标测量机上实现不规则零件精密分度测量. 现代制造工程，2005，11:78-79，111.

[8] 徐静，郑荣茂，郑一飞. 三坐标测量机上实现较大自由曲面的精密测量. 中国现代教育装备，2010，7:36-37.

[9] 郑一飞，郑荣茂，徐静，等. 新一代产品几何技术规范操作技术在逆向工程曲面重构中的应用. 2008，10:38-40,86.

[10] http://www.chem17.com/tech_news/detail/16126.html.

[11] Geomagic Wrap[ER/OL].http://www.geomagic.com/zh/products/wrap/ overview.

[12] http://www.docin.com/p-660797397.html.

[1] [illegible] 2018.

[2] [illegible]

[3] [illegible] 北京: [illegible] 2011.

[4] [illegible]

[5] [illegible] 北京: [illegible]

[6] [illegible] 北京: [illegible] 2011.

[7] [illegible] 2006, [illegible]

[8] [illegible]

[illegible]

[10] [illegible]

[11] [illegible]

[12] [illegible]